科学の誤解大全

マット・ブラウン 著
関谷冬華 訳

EVERYTHING
YOU KNOW ABOUT
SCIENCE IS WRONG

はじめに

科学は楽しい！　これは昔、私が英国王立化学会からもらった鉛筆に書かれていた言葉だ。当時、私は12才だったが、この筆記用具に刻まれた言葉は心に残った（＊1）。そして大学では化学の道に進み、やがて化学雑誌の編集を手がけるようになった。

そう、好奇心さえあれば確かに科学は楽しい。人間がチンパンジーから進化したとか、ガラスは本当は液体だった、光より速いものは存在しないなどと聞いたとき、興奮しない人はいないだろう。

科学は楽しいが、科学にまつわる誤解を解いていく作業はもっとおもしろい。チンパンジーの子孫だという人間は一人も存在しないし、よく聞く話とは違ってガラスはどう考えても液体ではない。基本的に光の速度を超えることはできないが、いくつかのちょっとずるい抜け道は存在する。このような誤解を探っていくうちに、私たちは間違った思い込みの向こう側にある本物の科学に対する理解を今まで以上に深め、その真価に気づくことができる。

科学の誤解を正すのは楽しいだけでなく、日々の生活にとっても大切なことだ。世界にはエセ科学があふれている。もっともらしい科学的な裏付けがあるように聞こえても、実際はまったくの無内容というやつだ。しかし、それを信じて疑わない人々がいるからこそ、インチキ科学は成立する。批判的な視点に立ち、合理的に考えて判断する習慣をしっかり身に付けていれば、時間と金を無駄遣いせずにすむ。一方で、政治家や活動団体、新聞のコラムニストをはじめとする影響力を持った立場にある人々によって科学的な事実がねじ曲げられたり、不正確に伝えられたりすることもある。気候変動や抗生物質耐性の脅威がささやかれ、遺伝子治療や人工知能など世界を一変させる技術が普及しつつある今の時代には、科学についての正しい知識を持つことがこれまで以上に重要になる。

本書では、ごくありふれた科学に関するさまざまな誤解について紹介している。広く知られている事実が明らかな間違いというものもあるし、以前は正しいとされていたが新たな証拠の登場によって否定されたケースもある。一定の条件下では成り立たないものや、正確とは言えないものもある。例えば、月は地球の周りを回っているが、実はその話には続きがある。

本書では「科学」という言葉を非常に広い意味で使っている。いくつかの記事では、数学や工学、医学、技術など厳密には科学ではないが、関連する分野も対象として扱っている。多くの場合、特に自然科学をテーマにした項目では、短い記事では表面をなぞるのがやっとだ。

科学上の迷信を探して間違いを指摘する場合、ともすれば上から目線になりがちだ。そうならないために、本書ではなるべく分かりやすく、親しみやすい文章を心がけている。同じ理由から、科学文献についての言及も最小限に抑えた。つまり本書は、たくさんの注釈が付いた専門書ではなく、ひと味違う会話のきっかけとなる本を目指している。

ところで、この本に書かれている内容が正しいとどうして信じられるだろうか? いい質問だ。読者はこの本が正しいと信じる必要はない。この世界を理解するために信じるという行為は必要ないと考えることが、おそらくは最も優れた科学教育のあり方ではないだろうか。読者は、本書をきっかけにいろんなことを考えてほしい。科学の世界はどこまでも広く、魅力的で、ときに間違いを含んでいる。さあ、科学の間違い探しを始めよう!

目次

はじめに……2

CHAPTER 1
科学ってどんなもの？

科学者はたいていこんな格好をしている……10
科学者になる人は頭がいい……17
研究は常に科学的な手法で進められる……21
世界の仕組みを知りたければ常識を働かせればすむ話で、科学者が出る幕はない……25
科学論文はいつも正しい……27
科学と宗教は相いれない……30

CHAPTER 2
無限の宇宙へさあ出発

ライト兄弟が世界で初めて有翼飛行を達成した……36
スプートニクは初めて宇宙に送り込まれた人工物だった……39
万里の長城は月から肉眼で見える唯一の人工建造物だ……42
宇宙飛行士が宙に浮かぶのは宇宙が無重力だから……44
宇宙船に熱シールドがなければ、地球の大気圏に再突入するときに摩擦熱で燃え尽きてしまう……46
季節の変化は地球が太陽に近づいたり遠ざかったりするために起こる……48

惑星は恒星の周りを回り、衛星は惑星の周りを回る……50
冥王星に探査機が到達し、太陽系のすべてが探査し尽くされた……53

CHAPTER 3
極限の物理学

私たちが暮らす宇宙は4次元空間にある……64
光よりも速く飛ぶものは存在しない……69
光さえも逃げ出せないブラックホールは検出できない……72

CHAPTER 4
奇妙な化学の世界

化学物質は体に悪いので取らない方がいい。自然が一番!……80
水は100℃で沸騰し、0℃で凍る……83
物質は固体か、液体か、気体の状態で存在する……86
水は電気をよく通す……89
ガラスは液体だ……91
原子は小さな太陽系のような姿をしていて、原子核の周囲を電子が回っている……93

CHAPTER 5
地球で繁栄する生命

生命の誕生は地球の歴史全体から見ればごく最近の出来事だ……98
生命はすべて太陽に頼って生きている……100
最初に海から上陸した動物は魚だった……103
恐竜を絶滅させた隕石は史上最大の大量絶滅を引き起こした……105

進化は何千年もの時間をかけてゆっくり進行する 109
車輪を持つ生物はいない 112
人類は進化の頂点にいる 115
人間の学名はホモ・サピエンス 118
現生人類はネアンデルタール人の子孫だ 122

CHAPTER 6
地球という惑星

最後の氷河期は数千年前に終わった 134
地震の規模を表す単位はマグニチュード(M) 136
水が穴に吸い込まれるときに北半球では反時計回りに渦を巻き、南半球では時計回りに渦を巻く 138
世界一高い山はエベレスト 140
虹は七色 142

CHAPTER 7
人体の不思議

自分は人間だ 148
髪と爪は死後も伸び続ける 152
創造力豊かな芸術家タイプの人は右脳をよく使い、分析が得意な人は左脳をよく使う 154
脳は神経細胞だけで構成されている 156

CHAPTER 8

疑似科学あれこれ

…… 158

ニュートンは木から落ちてきたリンゴが頭に当たって重力の理論を思いついた …… 172
最初に進化論を提唱したのはチャールズ・ダーウィンだ …… 175
アインシュタインは学生時代に数学が苦手だった …… 181
DNAはワトソンとクリックによって発見された …… 184

CHAPTER 9

有名科学者たちの真実

COLUMN

コラム

結局、準惑星とは何なのか？ …… 57
科学的ではないが信じたくなる法則と定理 …… 59
本当の発明者は？ …… 75
科学の世界の誤った名称と間違った引用 …… 124
あらぬ噂の最前線 …… 187

もっとくわしく知りたいときは …… 190
注釈 …… 192　索引 …… 196　謝辞／著者紹介 …… 199

＊本書は、英Pavilion Books社の書籍「Everything You Know About Science Is Wrong」を翻訳したものです。内容については、原著者の見解に基づいています。今後の研究等で新たな事実が判明する可能性もあります。

CHAPTER 1

科学ってどんなもの？

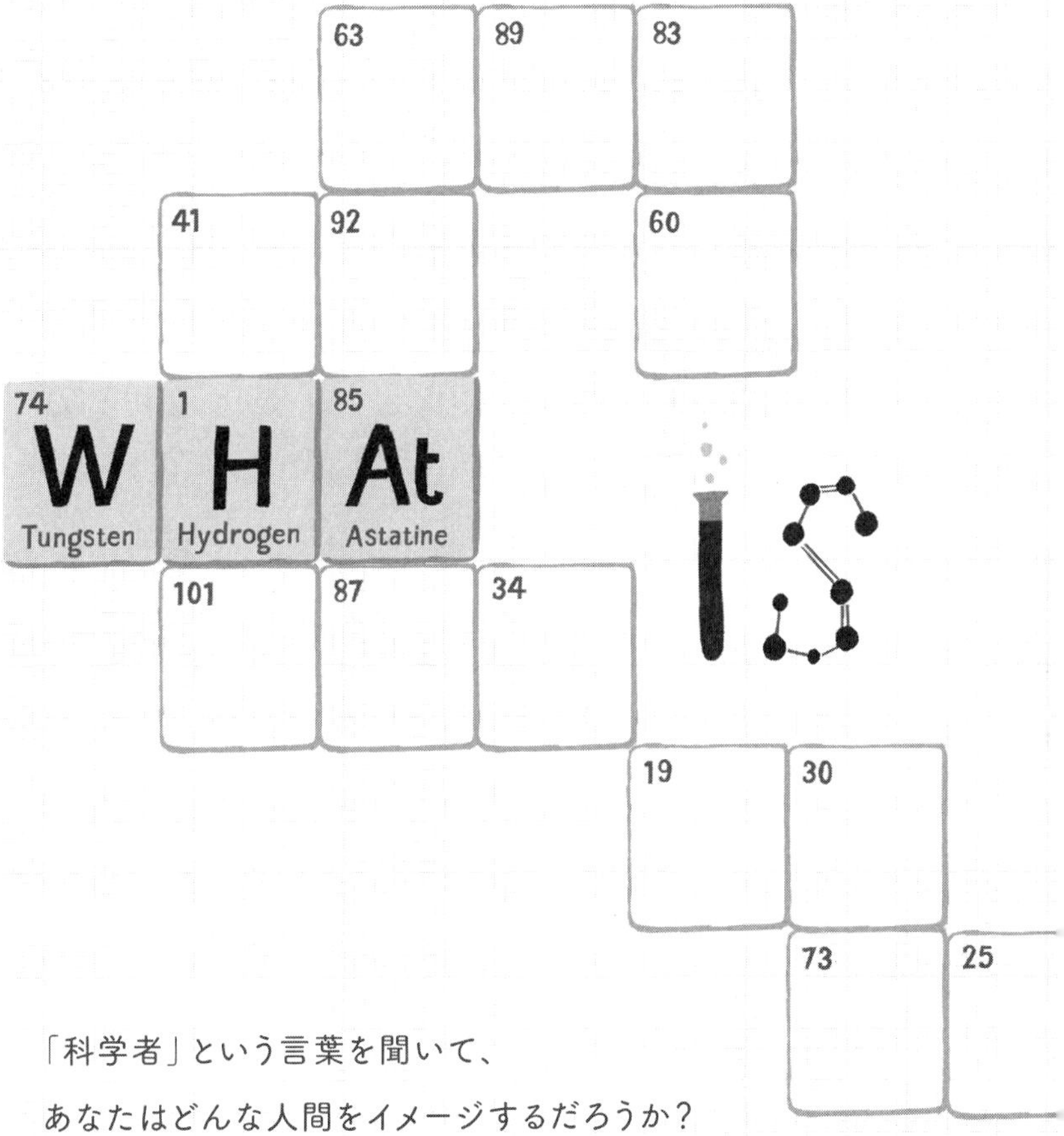

「科学者」という言葉を聞いて、

あなたはどんな人間をイメージするだろうか？

科学者は一日中何をしているのだろう？

科学者はみな天才なのだろうか？

誤解

01

科学者はたいてい こんな格好をしている

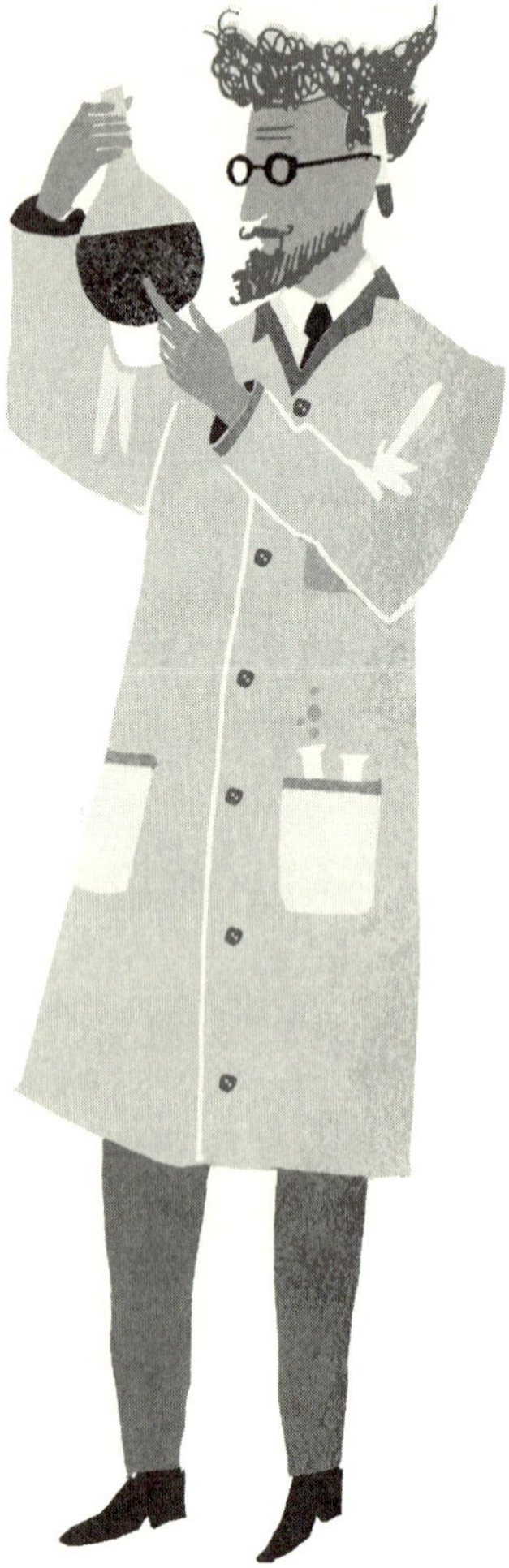

2001年、ヒトゲノムの詳しい情報が科学誌『ネイチャー』で初めて公開された。この歴史に残る論文の執筆には、さまざまな国の多数の研究者たちが関わった。ゲノム計画では米国、英国、日本、フランス、ドイツ、中国、アイルランド、イスラエルの24の大学や研究機関を代表する科学者数十人が共同で研究を進めたが、それでも2015年に発表されたヒッグス粒子の論文に関わった人数に比べればはるかに少ない。ヒッグス粒子の研究論文には、なんと50カ国以上の研究者5154人が著者

として名を連ねている。私はこれらの論文の著者たちと個人的な面識はないが、その中に右のイラストのような研究者はいないと断言できる。

科学はどんな人間でも受け入れる懐の深さを持っている。肌の色や宗教、国籍、性別、性格、髪型、体臭などのせいで門前払いを食らうことはない。科学の世界に入るには変人でなければならないという決まりはないし、変わり者が得をすることはほとんどない。それでも、「科学者」という言葉を聞いて「マッドサイエンティスト」的なイメージを思い浮かべる人は多いようだ。今朝も、娘と一緒に見ていた幼児番組（なかなかおもしろそうな番組だった）にそんな科学者が登場していた。フランケンシュタイン博士のやり方にならって、ステレオタイプの「マッドサイエンティスト」像を詳しく解剖してみよう。

科学者はイカれた髪型をしている

世間一般でイメージされている科学者が床屋の世話になる機会はあまりなさそうに思える。彼らの頭は卵のようにきれいにはげているか、もじゃもじゃの髪をぼさぼさに伸ばしているような印象がある。後者のようなイメージを広めたのは、遠く離れた2個の電子が不可解な相関を示す「量子もつれ」よりもっともつれた白髪頭のアルベルト・アインシュタインだったことは、疑うまでもないだろう（＊1）。爆発頭の科学者は映画やテレビで頻繁に見かける。『バック・トゥ・ザ・フューチャー』のエメット・ブラウン博士、『ヤング・フランケンシュタイン』でジーン・ワイルダーが演じたフランケンシュタイン博士、『インディペンデンス・デイ』でブレント・スパイナーが演じたおっちょこちょいの科学者などが好例だろう。はげ頭の科学者の代表格といえば、『ザ・マペッツ』のキャラクター、ブンゼン博士や『X-MEN』のプロフェッサーXだ。（『ブレイキング・バッド』で覚せい剤の密造に手を染める化学教師ウォルター・ホワイトもステレオタイプの科学者の一人に見えるが、彼が頭髪を失ったのにはそれなりの事情があるため、ここでは例外にするべきだろう。）

私の知り合いの研究者には、はげている人もいれば、ぼさぼさ頭の人もいるし、縮れ毛の人も、髪を逆立てている人もいる。髪の色も金髪、茶色、黒、赤毛、グリーンとさまざまで、中には頭にすべての色が同居している人もいる。2012年に探査車キュリオシティが火星着陸に成功したときには、ミッション・エンジニアのボバック・ファードウシがモヒカン刈りで注目を集めた。特に豊かな髪の持ち主なら、「ふさふさ髪科学者クラブ」に入会できるだろう。研究者は、科学以外の道でも最先端を行っている。言うまでもないが、科学者も他の職業の人々と同様に、いろんなヘアスタイルを楽しんでいる。

科学者は男ばかり

「ソルベー会議」というキーワードで画像検索をしてみてほしい。これは20世紀初頭から世界最高の物理学者が一堂に会して不定期に開催されていた、非常に有名な会議だ。1911年の第1回の会議で撮影された写真では、24人の一流科学者たちがテーブルを囲む様子が写っている。参加者のうち22人は口ひげを蓄えており、マリー・キュリー（キュリー夫人）の姿もある。このときの参加者は全員が白人だ。16年後に開催された第5回会議の写真には、28人の白人男性とマリー・キュリーが写っている。全体としてはあまり代わり映えしないが、口ひげの割合はやや減っている。

歴史的に科学、医学、技術といった分野はほとんどが男性によって占められてきたが、女性がまったくいなかったわけではない。10月半ばのエイダ・ラブレス・デーには毎年、時代を問わずこれらの分野で活躍した女性が表彰されることになっている。エイダ・ラブレス（1815〜52）は初のコンピュータープログラマーだと言われており、チャールズ・バベッジが発明した計算機械で使われるアルゴリズムを考案した女性だ。

おそらく最も有名な（広い意味での）女性科学者は彼女とキュリー夫人だろうが、科学の歴史の中で重要な役割を果たした女性たちは大勢いる。例えば、カロライン・ハーシェル（1750〜1848）は天王星の発見や星雲のカタログの作成に携わったし、史上最高の化石ハンターと言われるメアリー・アニング（1799〜1847）はそれまでに見つかっていなかった首長竜や魚竜、翼竜の化石をいくつも発見している。マリア・ミッチェル（1818〜89）は、まだ女性軽視の風潮が根強かった時代にニューヨークのヴァッサー大学で天文学の教授になった。

20世紀に入ると、女性の活躍はさらに目立つようになる。1903年、キュリー夫人は放射線研究の功績を認められてノーベル物理学賞を受賞し、初の女性ノーベル賞受賞者となった。さらに8年後には、ポロニウムとラジウムの発見により、今度はノーベル化学賞を受賞している。キュリー夫人の娘であるイレーヌ・ジョリオ・キュリーも1935年にノーベル化学賞を受賞し、史上2人目の女性ノーベル賞受賞者となった。

これらの例外的な実績を除くと、比較的最近まで科学分野で女性にはほとんど活躍の場が与えられなかった。本書の執筆時点で科学分野のノーベル賞を受賞した女性はわずか17人しかいない。男性の受賞者については200人あたりまでは数えられたが、それ以上は正確な数字がわからなくなってしまった。現在でも、白衣を着た中年男性というのが最も一般的にイメージされる科学者の姿だろう

(嘘だと思うなら、画像検索をしてみてほしい)。しかし、実際のところはどうだろうか?

驚くべきことに、今でも科学の世界で女性が占める割合は圧倒的に少ない。ユネスコ(国際連合教育科学文化機関)の推定によれば、世界の研究者のうち女性が占める割合はわずか28・4パーセントだという。このような状況は分野や国によって大きく変わる。例えばラトビアのように男性よりも女性研究者の方が多い国がないわけではないが、科学者の4分の3を男性が占めるフランスのように、ほとんどの国はお粗末な状況にある。数の問題だけではなく、女性科学者が賞をもらったり、学会での講演に招かれたり、委員会の議長を務める機会は少ない。

そうなると、採用時に性差別があるのではないかという考えがまず思い浮かぶが、そうとも限らない。2015年に米国の大学における助教の採用に関する調査(*2)が実施されたが、その結果、女性と男性が選ばれる割合は2対1で女性の方が選ばれやすいことがわかった。この数字は、採用担当者が男性でも女性でも同じだった。これは、採用担当者にとって他の条件よりも男女差を解消したいというプレッシャーが上回ることで生まれる、一種の「積極的差別」かもしれない。

それでは、学術研究機関に相変わらず女性が少ないのはどうしたわけだろう? 論文の著者らは「供給側」の問題が大きいのではないかと述べている。つまり、さまざまな要因が複雑にからみ合った結果、女性が専門性の高い職に応募してくることがそもそも少ないというわけだ。しかし、女性の応募者は、同程度の実績がある男性のライバルたちに比べて、面接までたどり着ける可能性も、職を得られる可能性も高い。

状況は緩やかながらも改善に向かっている。多くの欧米諸国では、少なくとも科学分野の博士号の取得者数で男女差はほとんどなくなっているし、より上位の研究職についても統計上の数字は改善されている。

科学者はいつも白衣を着て、保護メガネをかけている

そう、これは否定できない事実だ。一部の科学者は白衣を身に着け、保護メガネで目を守っている。危険物質や服に染みをつけそうな物質を扱う研究者はたいてい白衣を着るし、化学研究所ではプラスチックのメガネの着用が義務づけられている。しかし、科学の世界というのは世間が思うよりもはるかに広い。海洋生物学者が白衣を着ていたら海中でひらひらして邪魔になるだろうし、野外地質学者が白衣では風が冷たくてしょうがない。理論物理学者の多くが最高の仕事をする場所は自宅だ。ベッドで白衣や保護メガネを身に着けている研究者は、おそらく科学以外の別の目的を追求しているのだろう。スーツを着ている科学者もいる。もちろん多くの科学者は普段はカジュアルな服装で仕事に行くが、中には茶色のひじ当てがついたコーデュロイのジャケットを着ているのが1人か2人は混じっている。科学者は必ず白衣を着ていると考えるのは、兵隊が全員クマの毛皮の帽子をかぶっていると思い込むようなものだ。

科学者は試験管から泡を出して喜んでいる

映画に登場する科学者はたいてい、見慣れないガラス製品に囲まれて、色付きの液体をかき混ぜては泡が出るのを楽しんでいるようだ。現実世界の研究者たちは、あんなにごちゃごちゃと実験器具を並べ立てるようなことはしない。最初に断っておくが、化学者は科学者のごく一部にすぎないし、紫色の液体を洗い流したり、試験管から吹き出す煙から逃げたりすることはほとんどない。これは試薬

をあれこれいじり回している研究者の目にさえ、奇妙に映る。ブクブクという音や煙、泡などが出るものは、必ず排気装置が設置された設備の内側で扱うという決まりがある。派手な色の液体は、たいていの大学の学部生用の実験室に常備されているが、大学で化学と生化学を専攻してきた私が試験管から泡が出る瞬間を目にしたのは、実験室からガラス器具を持ち出し、前衛的なカクテルパーティで使ったときぐらいだ。

世間では、研究室に紫色の照明がよく使われているという誤解も広まっている。真面目な科学ドキュメンタリーでさえ、そういう演出がなされていることがある。これは、特定の試薬を目で確認できるようにするために紫外線ランプを使っている数少ない研究室以外ではありえない光景だ。テレビに登場する薄紫色に照らし出された部屋は、視覚効果を狙っているに過ぎない。ほとんどの研究所では明るい色の照明が使われ、壁は真っ白だ。テレビ番組のインタビュー映像には不向きかもしれないが、観察が必要な研究ではそのような環境が求められる。

誤解 02

科学者になる人は頭がいい

場面：郊外で開かれたディナーパーティー。主催者の友人たちが談笑しながら互いに自己紹介をしている。

「それで、お仕事は何をされているんですか？」

「科学者です。大学で働いています」

「すごいですね。私にはまったくわからない世界です。数学やら何やらが難しくて…頭がいいんですね」

「いやいや、そんなことありませんよ。私の仕事といえば、ひたすらにショウジョウバエの数を数えることですから。ところで、あなたは何をなさっておいでですか？」

「銀行員をやっています。」

「銀行員？　あのややこしい数字や利率を扱う？　本当に頭がいいのはあなたの方だ」


科学の世界で仕事をする人間なら、一度はこんな会話を交わした経験があるだろう。「科学」という言葉は曲者で、これにだまされる人は多い。試しに「ガラスをかじるのが仕事です」「ハチとともに舞い踊る表現ダンスのダンサーをしています」などと言ってみれば、似たような反応が返ってくる。相手はちょっと驚いて、そわそわしだすだろう。メディアでの科学者の描かれ方も関係しているかもしれない。最近の報道で見かけた記事のタイトルを3つほど紹介しよう。

「雲間に希望の光は見えない」と地球温暖化問題の専門家
「電子タバコは肺に有害」とマンチェスターの識者
不機嫌、落ち込み…もしかしてフェイスブック・ツイッター中毒と関連？　と知識人は見る

これらはいずれも読者と科学者の間に溝を生み出しそうな表現だ。「専門家」「識者」「知識人」などの言葉は頭がいい人を指して好意的に用いられることもあるが、やんわりとからかうようなニュアンスで使われることも多い。「地球温暖化問題の専門家」には二重の意味で問題がある。第一に気候の研究をするにはすごく優秀な頭脳の持ち主でなければならないという印象を与えるし、「専門家」という皮肉を込めた響き(*3)は、専門家はカッコ悪い、そんな連中の仲間入りをしたくないと思わせる。

世間では科学は難しく、一般人には無縁の世界だと思われている。つまり、「専門家」や「知識人」だけが扱うことを許されているものだと思い込んでいるのだ。しかし、科学は人間の最も根底にある本能――世界に対する好奇心――から生まれている。幼い子供たちはひっきりなしに「なぜ？」「どうして？」と大人を質問攻めにする。成長するにつれて私たちの本能が衰えてくるという説もあるし、学校の授業が科学への興味を失わせているという話も聞く。しかし、本当にそうだろうか？「火星で

生命体を発見」という記事が出れば、誰もが見出しをクリックするだろう。認知症の治療薬や頭が良くなる薬が出たと聞いて無関心でいられる人はほとんどいないに違いない。重力波やヒッグス粒子など難解な理論も広く世間の関心を呼んだ。みんなが科学に興味があるのかどうかを確かめたければ、科学祭の賑わいや「オタク文化」の広がりを見ればいい。ほとんどの人は、自分が科学を研究する側に回りたいとは思っていないだけの話だ。

ただし、科学への向き不向きはあるようだ。多くの子供たちは理科の授業で教えられる内容を難しいと感じて、そこで勉強をやめてしまう。一方で、科学を楽しいと思う子供たちは文系の教科にてこずったりする。理系の科目では、期待されている答えがはっきりしていることが多い。例えば、理科の試験で「炭素原子中の電子の数は？」という問題が出れば、正しい答えは一つしかない。一方、英文学の試験でマクベスがダンカン王を暗殺した動機を説明せよという問題があったら、果たして簡単に答えが出るだろうか？あくまで一般論だが、少なくとも中学校の授業で教えられるレベルでは、科学は決まりきった規則の範囲をはみ出すことはないのに比べて、文系の科目ではもっと踏み込んだ解釈や主観性が求められる。

もちろん、上の学校に進むにつれて理科の授業で教えられる内容はより専門的になっていく。生物学で細胞について学ぶ学生は、それまで聞いたこともないような用語を覚え、理解しなければならない。分裂後期、減数分裂、小胞体、アデノシン二リン酸、ゴルジ体（個人的にこの言葉は気に入っている）などの用語は、見ているだけで頭が痛くなりそうだ。しかし一方で、数百万人もいるクリケットファンは、メイデン・オーバー、ディープ・バックワード・スクエア・レッグ、スティッキー・ウィケット、LBW、曲球といったクリケット用語をきちんと使いこなしている。

では、数学についてはどうだろう？　科学は公式や方程式ばかりだと思っているために、科学を敬遠する人も多い。科学のほとんどの分野ではある程度の複雑な計算をこなさなければならないため、この意見にも一理ありそうだが、会計士や銀行員、配管工、写真家、テレビゲームのデザイナーなど、計算作業が求められる仕事は他にもたくさんある。

人生における多くの物事と同じく、科学の世界で成功するのは頭の良さよりも、その世界に情熱を傾けて取り組んでいるかどうかが大きい。クリケットでもそうだが、ルールや用語を知ろうとするわずかな努力を払うことで、人生はもっと楽しくなる。

誤解 03

研究は常に科学的な手法で進められる

完璧な世界というものがあるなら、そこではすべての研究者が科学的な手法に従って研究を進めているに違いない。それは料理のレシピにちょっぴり似ている。例えば、こんな具合だ。

・**疑問を持つ：**「このパスタ鍋の水はどうしてなかなか沸騰しないのだろう？」
・**仮説を立てる：**「見ている鍋のお湯は沸かない（「待つ身は長い」という意味のことわざ）」
・**実験で仮説を検証する：**鍋の水の温度が沸点に達するまでの時間を測定する。鍋から目を離していれば、沸騰するまでにかかる時間は短くなるのか？
・**結果の正しさを証明するために十分なデータを集める：**（見ているときと見ていないときの両方について）何十回も繰り返し鍋の水が沸騰するまでの時間をはかり、十分な量のデータを集める。優れた科学者なら、火加減と圧力を一定に保って、違う鍋を使ったり、水の量を変えたり、鍋を眺める時間を短くしたり、ゆでる食材をパスタ以外のものにしてみたり、いちどに一つずつ条件をいろいろ変えて実験を繰り返すだろう。
・**結論を出す：**鍋を眺めていようがいまいが、鍋の水が沸騰するまでにかかる時間に目立った違いは出ないはずだ。つまり、沸騰するまでの時間と鍋を見ているかどうかは関係がない。

実際には、科学の研究が手法通りに進められることはめったにない。研究を進めていくうちに、状況はめまぐるしく変化する。ここで挙げた台所の研究者も、仮説が明らかに間違っていると気づけば、すぐさま研究をやめてしまうだろう。あるいは、実験を繰り返しているうちに、鍋が沸騰するまでの時間よりも興味深そうな別のこと、例えばパスタのゆで時間と味や口当たりの関係に興味が移るかもしれないし、ソースの研究に補助金が出るという話をライバルの研究所から聞かされれば、研究テーマを変えてしまうかもしれない。はたまた、仮説などはまったく持ち合わせておらず、オレンジジュースでパスタを24時間ゆで続けたらどうなるかを知りたいかもしれない。つまり、科学は、実績ある手法通りに進むこともあるが、勘や気まぐれ、あるいは思いもよらない巡り合わせによって大きく前進することも決して少なくないのだ。

だからといって、科学者の仕事がずさんだとか、行き当たりばったりだというわけではない。優れた科学者であっても、直感に従ったり、ダメでもともと思いながら研究を始めることもある。だが、統計的に意味のある結果を出すためにさまざまな要因を適切にコントロールし、チェックを怠らず、比較し、実験を繰り返すのが優れた科学者の条件だ。

さらに言えば、科学のすべての分野で実験が行われるわけではない。例えば、ブラックホールの内部で何が起こっているのか、どうやったら分かるというのか？　この得体のしれない天体から逃げ出せるものは何もないのだ。危険を冒してブラックホールの中に入り、測定によって仮説を検証することは不可能だし、仮に可能だったとしてもブラックホールの内側から情報を伝える手段がない。なぜなら、何物もブラックホールの外側に出ることはできないからだ。他にも、実験の壁にぶつかる学説は少なくない。宇宙がいくつも存在するという説をどうやったら検証できるだろう？　大型ハドロン衝突型加速器で生成できる限界の何百倍ものエネルギーを持った粒子が衝突したらどんなことが起こるか、どうやったら確かめられるというのか？

これらの学説は、少なくとも現在の技術では検証が不可能だ。検証できない仮説に不快感を示す人々もいる。科学理論とは「検証可能」、つまり観測で確かめられるものでなければならないというわけだ。例えば、月がチーズでできているという説があったとしたら、実際に月に行ってサンプルを持ち帰り、ラザニアに入れて焼いてみれば、その説が間違っていることを証明できる。これは検証可能な理論だ。ヤギの糞を頭につければハゲが治ると言われれば、ブツを頭に塗って本当に頭髪が生えてくるのかを調べることができる。もちろん検証は1回で十分というわけにはいかないから、ハゲた人を大勢集め、たっぷりヤギの糞を用意したうえで、大々的な治験を実施することになるかもしれない。統計的に有意であると認められる数の被験者のデータが集まれば、ヤギの糞がハゲに効くかどうかを示すことができる。これも検証可能な理論だといえる。次に、私がブラックホールはあの世への入口だという説を思いついたとしよう。ブラックホールに入ると、すでに亡くなった愛する人たちの霊魂に会いに行くことができるというのだ。このような仮説を証明する、もしくは反証するには、どこから手をつければいいのだろう？　これは証明も反証もできない、検証不可能な理論だ。こうなると科学とは言えない。

先ほどの例はばかげて聞こえるかもしれないが、十分に確立されている理論の中にも同じくらい反証が困難なものもある。例えば弦《げん》理論もその一つだ。私たちがいる世界は複数の次元を占める非常に小さなひも（弦）でできているというのが弦理論の基本的な考え方だ（弦理論の内容については後の章で詳しく解説する）。弦理論では、非常に小さい世界（量子）と非常に大きい世界（宇宙）に同じ方程式を適用できる。つまり、私たちは「万物の理論」にたどり着こうとしていることになる。問題は、弦理論から導き出されるあらゆる予測が実験で証明することも、反証することもほとんど不可能だという点だ。検証のために必要なエネルギーは、現時点では到底実現が見込めない。とはいうものの、100年前には月がチーズでないことを確かめる手立てはなかったのだから、今後の見込みはゼロではないのかもしれない。

地質学のように地に足のついた学問でさえ、科学的な方法で進められることは珍しい。地質学者は岩や土のある場所に足を運んで試料を集め、周辺の地形やそれまでの歴史について詳しく調べることを生業としており、ここに実験が入り込む余地はない。地質学者はひたすら証拠集めに奔走しているが、これも科学の一つの形だ。

つまり、科学だと思われている人間の活動は、科学的なやり方という決まった枠にはまらない場合も少なからずあるということだ。科学的な方法を決まった作法のように考えている人間がいるとすれば、それは科学者ではなく科学史家だろう。偶然の巡り合わせによる発見もあれば、さまざまな実験を一つにまとめた結果として生まれる発見もある。科学分野の中には純粋に理論だけを扱っていたり、現実を再現したコンピュータ・モデルに全面的に依存しているために、実験もデータもまったく出番がない分野もある。たまたま誰かが「これは何だろう？」と言い出したときにこそ、科学は最も進歩するのかもしれない。

誤解

04

世界の仕組みを知りたければ常識を働かせればすむ話で、科学者が出る幕はない

この世界は実におかしなところだ。太陽が東から昇り、西に沈むことは誰もが知る常識だが、実は太陽はまったく動いていない（少なくとも私たちが思っているようには動いていない）。太陽が空を移動していくように見えるのは、地球が自転しているためだ。

50個の数字が入ったくじで1、2、3、4、5、6という当選番号が出たとしよう。常識で考えれば不正が疑われるかもしれないが、統計学によれば、これらの数字が出る確率は他の数字と変わらない。常識に従えば重いものは軽いものより速く落ちるような気がするが、何世紀も前の実験でそのような事実はないことが証明されている。

世界は必ずしも私たちの直感と一致しない。つい先日、私の友人ジェフは、お気に入りの紅茶のティーバッグの大容量パックが４８０袋入りであることを嘆いていた。「どうして５００袋入りにしないんだ?」というのが彼の意見だ。５００というのは切りがよく、数字としてすっきりとしている。また、両手の指の数が10本のせいか、人間は10の倍数を好む傾向がある。だから、５００は切り

がいい数字のように思えて、480には何となく違和感を覚えるわけだ。

だが、そのような先入観を捨ててしまえば、480という数字には大きな利点がある。480には24個の約数、つまり余りを出さずに割り切れる整数がある。並べてみると、1、2、3、4、5、6、8、10、12、15、16、20、24、30、32、40、48、60、80、96、120、160、240、480となる。一方、切りがよさそうに思える500はどうかというと、約数はたった12個しかない(1、2、4、5、10、20、25、50、100、125、250、500)。私たちの直感には反するが、480は500よりも実用的には優れた数字ということになる。特に、ティーパーティをしょっちゅう開く人にとっては、ティーバックの分け方が何通りも増えてありがたいはずだ。他も似たような数字が私たちの身の回りでは使われている。1フィートが12インチ、1日が24時間という昔ながらの単位換算が今も現役で活躍しているのは、12や24は10や20よりも約数が多く、暗算するときに便利だというのも理由の一つだ。

科学と数学は、人間の先入観を排除することにかけてはまたとない優れた道具だ。量子の世界では特にそれが言える。信じられないほど小さな原子や素粒子の世界では、常識がまったく通用しない、さまざまな奇妙な現象が起こる。何もないところからひょっこり粒子が出現し、不可解に姿を消す。ある粒子は相反する2つの状態に同時に存在する。どれも常識では考えられないことばかりだが、これらは確かな理論と数多くの実験によって正しいことが証明されている。

いわゆる常識というのは、日々の経験の積み重ねによって得られた情報だ。アインシュタインの言葉を借りれば、常識とは人間が成長する過程で身につけた偏見のコレクションということになる。人間は量子の世界を直接体験することも、宇宙の広さを本当に理解することもできない。そんな私たちが常識で判断できるのは、広い現実世界のごくわずかな一部にすぎないのだ。

誤解 05

科学論文はいつも正しい

最近発表された、最も引用回数の多い科学論文の一つは変わった内容をテーマにしている。扱っているのは自然界の基本的な力でも、細胞の内部構造でもない。科学者がどのように研究をしているかというのがそのテーマだ。ジョン・ヨアニディスが2005年に発表した論文「なぜ発表された研究成果はほとんど間違っているのか」は、その題名から推察されるように、ちょっとした騒動となった。この問題は2015年にさらに脚光を浴びる。高い評価を受けている雑誌で過去に発表された100種類以上の心理学実験について再現を試みた論文が『サイエンス』誌で公開されたのだ。同じ結果を再現できたのは全体のわずか3分の1にすぎず、再現できなかった3分の2の実験の結果には大きな疑問が投げかけられることになった。どうしてこんなことが起きたのだろう？

これまでに発表された研究論文に少なからぬ誤りがあるかもしれないという可能性は、非常に深刻だ。論文の発表は科学を発展させる原動力となってきた。科学者は実験をして論文を書き、学術雑誌に書いた論文を掲載してもらうのも仕事のうちだ。科学者の評価は、どんな雑誌にどれほどの頻度で論文が掲載されるかによって大きく左右される。自分の研究成果を有名な雑誌で発表しなければならないというプレッシャーを科学者たちは感じている。一方、出版社も事業を拡大させるために、新しい雑誌を発行して論文を次々に世に送り出さなければならないという商業的な事情がある。どちらにしても、論文の品質向上には貢献しそうにない。

著名な雑誌はいずれも、投稿された科学論文に誤りがないかを調べる、査読と呼ばれる仕組みを取り入れている。論文は著者と同じ分野の複数の研究者の元に送られ、審査を受ける。たいていの場合、査読者の名前は著者には明かされない。査読を依頼された研究者は論文を精査し、編集者に報告を出す。原稿の修正や、著者の結論を裏付けるために必要だと思われる実験の提案がなされることも多い。編集者は査読者のコメントを反映するかどうかを著者に確認する。特に問題がなければ論文は雑誌で発表され、研究成果として記録に残ることになる。

査読は誤りをある程度まで防ぐことはできるが、完全に一掃することはできない。科学者も人間である以上、間違いを犯すことはある。それと意識せずにデータに手を入れたり、思いもよらない結果は誤りだと決めつけて、自分の説に有利な点ばかりを強調するかもしれない。統計学が苦手で確かな測定結果を得るにはサンプル数が十分でないことや、測定によって明らかになった効果が有意とは言えないほど小さいことに気がついていない場合もある。ごく少数だと思いたいが、自分の理論を正当化して実績を水増しするために結果を故意に改ざんする研究者もいないわけではない。

このような問題を探し出すのは簡単ではない。例えば、論文の著者が生データを公開することはめったにない。原稿が編集者の手元に届く前に、データはグラフや表にきちんとまとめられ、論文の全体の流れに合わせて配置される。論文に載せるデータを選ぶときに著者が何らかの手を入れたとしても、査読者がそれに気がつくのは難しい。仮に何も手が加えられていない生データを査読者が見ることができたとしても、大量のデータを調べ上げ、統計分析をやり直すだけの能力や意欲（査読はたいてい無償で依頼される）を査読者が持ち合わせているとは限らない。このようなさまざまな条件が重なった結果、誤りが見過ごされたまま論文が発表されてしまうことがあったとしても不思議はない。

では、科学はとっくに崩壊しており、信頼に値しないのだろうか？答えはノーだ。このような仕組みには自浄作用がある。論文にミスやねつ造があっても、発表された研究結果に基づいて他の科学者たちが研究を始めれば、最終的には真実が明らかになる。世間一般にも広く知られるような科学的成果のほとんどは、他の研究者たちの手による綿密な検証が徹底的に行われ、同じ実験を行えば同じ結果を再現できることが確認されている。人為的な活動が気候変動を引き起こしている証拠などの重要な科学的コンセンサス（科学者たちによる合意）は、考えられるあらゆる角度から意見が出され、徹底的な検証が重ねられる。

とはいえ、誤りが世間に広まることを防ぐための努力にも怠りはない。オープン・サイエンス・フレームワークのように、科学者が研究を始める前に研究内容を登録し、誰でも検証できるように全データを公開する仕組み作りが現在進められている。

誤解 06

科学と宗教は相いれない

宗教と科学は、どちらも人間の起源と私たちが生きる世界について説明しようと試みている。しかし、宗教は信仰心や神秘性を土台にし、科学は実験と観測と証拠を基盤とする。そのような大きな方向性の違いから、両者は相いれず、互いに張り合っているとみなされることが多い。

宗教と科学の対立を語るうえで避けて通れない人物は、17世紀の天文学者ガリレオ・ガリレイだろう。ガリレオは地球が太陽の周りを回っているとする地動説を支持したために、「異端が強く疑われる」として異端審問にかけられた話は有名だ。ガリレオは地動説を放棄することで死刑は免れたが、残りの人生を軟禁状態で送ることになった。迷信的な宇宙観に異議を唱えたために迫害された合理的な考え方の持ち主は、ガリレオ以外にも大勢いる。

しかし、このような宗教と科学の対立の構図はあまりにも単純化されている。ガリレオは教会による異端審問を受けた後も、生涯信心深いカトリック信者であり続けた。ガリレオより前に天体観測を行って地動説を唱えたのはニコラウス・コペルニクスだが、コペルニクスは単なる信者ではなく、カトリック司祭だった。当時、少なくとも西欧諸国では人口のほとんどがカトリック信者だった。神を疑うことは許されず、仮にそんなことを口にしようものなら異端審問と迫害が待っていた。言うまでもなく、20世紀以前の科学者たちのほとんどは、少なくとも表向きは熱心な信者を装っていた。

信仰を持っていた科学者の代表格と言えば、アイザック・ニュートンだろう。ニュートンと言えば万有引力の法則を発見し、微積分学を考案し、虹を7色に分けた人物だが、実は聖書解釈を含むオカルト研究でも有名で、ニュートンが書いた宗教関係の本の数は科学関連の著作より多いほどだ。ニュートンは英国国教会の信者として育てられたが、自由思想を信奉し、後年は一種独特の信条に傾倒していたようだ。彼は公にはしていなかったが、キリスト教の三位一体（神、キリスト、聖霊）の一部としてのキリストを受け入れず、キリストを礼拝することは偶像礼拝にあたると信じていた。しかし、彼は自らの信念を表に出さなかった。ニュートンほどの大人物であっても、異端審問を逃れることはできなかったからだ。

固い信仰を持っていたことで有名な科学者としては、グレゴール・メンデルの名も挙げられる。メンデルは植物の遺伝に関する法則を発見し、遺伝学の父と呼ばれている。植物の丈や色、形などの特徴は次の世代にも受け継がれるという彼の研究成果は1866年に発表されたものの、20世紀に入って科学者の間で遺伝子学が広まるまでほとんど注目されなかった。現代科学の基礎となる一分野を築いた（さらに気象学でも多数の論文を発表している）メンデルもまた、研究を離れればきわめて信仰心のあつい人物だった。メンデルの写真を検索してみれば、サンドイッチほどの大きさもある十字架を首から下げた彼の写真がたくさん見つかるはずだ。メンデルは聖アウグスチノ修道会の修道士であり、のちに修道院長になった。メンデルは神に仕えることと自然の法則を研究することの間に矛盾を感じなかったし、同じように感じる人々は多かった。

信仰を持っていた科学者はガリレオやニュートン、メンデルだけではない。有名なところではロバート・ボイル、ヨハネス・ケプラー、ゴットフリート・ライプニッツ、ジョセフ・プリーストリー、アレッサンドロ・ボルタ、マイケル・ファラデー、ジェームズ・クラーク・マクスウェル、ケルヴィン卿などがいるが、ここで挙げた名前はごく一部に過ぎない。13世紀に自然を科学的に研究することを提唱したロジャー・ベーコンは、フランシスコ会の修道士だった。1833年に「科学者」という言葉を生み出したウィリアム・ヒューウェルもキリスト教の神学者だった。イスラム教にも、科学を後押ししてきた長い歴史がある。古代ギリシャ・ローマ時代の書物を守ってきた中世のイスラム教の学者たちの功績は計り知れない。

つまり、長い歴史の間にはガリレオが受けた迫害のような出来事が時折あったものの、科学と宗教はずっと平和に共存してきた（しかもガリレオの一件のような話は誇張されて伝わっていることも多い）。科学と宗教が反対の立場に立つ必要はない。今日では何らかの宗教を信仰しているか、少なくとも霊的な存在や現象を信じている科学者は多く、自らが信じるものを建設的に研究に生かしている。フランシス・コリンズなどはまたとない好例だ。現在、米国立衛生研究所長のコリンズは、かつてヒトゲノム計画の代表を務めていた。彼は科学者として非常に有名だが、熱心なキリスト教徒であることもよく知られており、科学と宗教の世界観の対立を解消しようとする発言も多い。かと思えば、バチカンは(コリンズも会員になっている)ローマ教皇庁科学アカデミーを長きにわたって運営してきた実績がある。私は「ローマ教皇お抱え天文学者」のガイ・コンソルマーニョ修道士にお目にかかったことがある。彼は現在、バチカン天文台長として隕石の研究に携わっている。科学と宗教は世間でささやかれるほど悪い関係にあるわけではなく、他にも同様の例はたくさんある。

何といっても、最も根源的な疑問のいくつか――「人間の意識とは何か」「生命はいかにして誕生したか」「今ある世界はなぜこのような姿をしているのか」――は、いまだ科学の領域を超えている。科学者の頭の中にアイデアはあっても、答えを出すには至っていない。

CHAPTER 2

無限の宇宙へさあ出発

成層圏の先にある星たちの世界へ

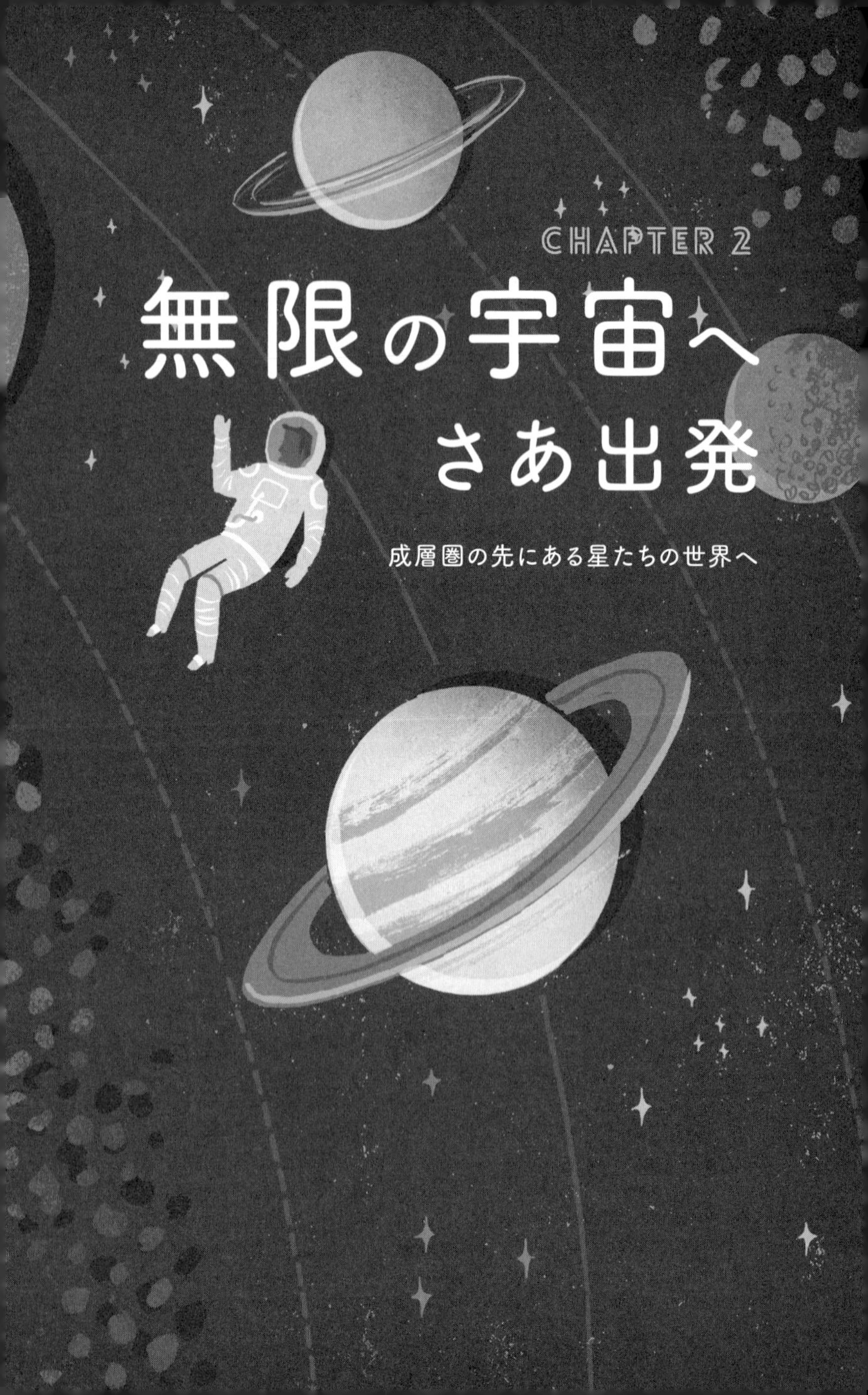

誤解
07
ライト兄弟が世界で初めて有翼飛行を達成した

英国の作家、ダグラス・アダムズは空を飛ぶことを「地面を狙って自分自身を投げたものの、狙いを外す行為」だと称した。人間という生き物は、このような行為に向いていない。ギリシャ神話のイーカロスが空を飛んだ話は有名だが、最終的には地面に墜落した。

気球が発明され（＊1）、人間が思い通りに空を飛べるようになったのは18世紀後半に入ってからだ。気まぐれな風の力を借りて飛ぶ気球が唯一の空の乗り物でなくなったのは1903年、ライト兄弟が初めて有翼飛行を達成したときだと言われている。しかし、ライト兄弟が生まれるよりもずっと前に、世界で最初に空気よりも重い乗り物で人間が

飛んだ記録が残っている。それを成し遂げた人物は英ヨークシャー州生まれのジョージ・ケイリー卿で、80歳の誕生日を目前にしての偉業だった。

ケイリー卿の長きにわたる経歴は輝かしい。非常に博識で、転覆防止構造の救命ボート、シートベルト、内燃機関のはしりを考案し、現在も自転車で使われているスポーク付きの車輪を発明した。また、下院議員を務め、現在のウエストミンスター大学の前身である王立科学技術学院を創設している。

若いころから優れた功績を積み重ねたケイリー卿は、晩年になって有翼飛行機による最初の有人飛行というすばらしい偉業を成し遂げた。さかのぼること60年前の十代の頃にケイリー卿が使っていたノートには、飛行機のスケッチが描かれていた。そのすぐ後には、飛行機の機体に影響を及ぼす4つの力(推進力、抵抗力、重力、揚力)についての説明が記されている。1853年、イングランド・スカーボロー付近のブロンプトン谷でそのすべてが現実になった。

ケイリー卿は大人が1人座れるほどの大きさのグライダーを作った。布を張った翼の下に手漕ぎボートに似た車輪付きの木製の操縦席が設けられ、2枚の尾翼で全体を安定させる構造だ。後に、ある新聞はこの飛行機を「鳥が飛ぶように、空に浮かんで機体を操るために必要な付属品を備えた、とても軽い船のようなもの」と紹介している。

ケイリー卿はすでに高齢で自らが飛行機を操縦することはかなわず、代わりに御者のジョン・アップルビーを乗せたと言われているが、世界初のパイロットが誰だったかは定かではない。

丘の上を飛び立った飛行機は、乗り手を乗せて150メートルほど飛んでから、地面にぶつかって着陸した。ケイリー卿はそれ以前にも模型飛行機を飛ばしている。そのときのグライダーに乗り込んだパイロットは何と子供だったらしい(ディズニー映画にありそうな話だ)。しかし、きちんとした記録に残っている限りでは、ブロンプトン谷を飛んだこの短いフライトが、世界初の有翼飛行ということになる。

それからの数十年間で、グライダーに乗った大勢のパイロットが空に飛び立ったが、技術としてはいささか心もとないものばかりだった。ライト兄弟は、グライダーによる数百回の実験飛行を繰り返した後、初めてエンジンによる動力飛行を成功させた。歴史の本には、米ノースカロライナ州キティーホークで１９０３年12月17日に何度も動力飛行を成功させたとある。動力飛行機の誕生により、世界は一気に狭くなった。

誤解
08

スプートニクは初めて宇宙に送り込まれた人工物だった

約60年前、トイレの便器ほどの大きさの金属の球体が世界を揺るがせた。1957年10月4日にソ連が打ち上げたスプートニク1号は、短波で距離測定の情報を発信しながら3カ月間にわたって地球周回軌道を回り続けた。人間の歴史において、単調なピー、ピーという音がこれほど人々の心を揺さぶったことはかつてなかっただろう。全体主義を標榜する独裁者にいずれ地球の空が支配されるのではないかという不安を抱く人たちもいたし、技術の進歩の速さに仰天する人々もいた。ライト兄弟が世界初の動力飛行に成功してから、まだ50年ちょっとしかたっていないのだ。ソ連の成功は他の国々をも刺激した。とりわけ、同じく宇宙計画を進めていた米国は奮起して計画のピッチを一層速めた。スプートニクは、小さいながらも大きな力を持っていた。

しかし、宇宙に送り込まれた初めての人工物はスプートニクではない。スプートニクの前にも数百台のロケットが打ち上げられ、宇宙に到達している。ただし、それらは弾道軌道を通過してすぐに地球に落下した。スプートニクは地球周回軌道に入ることができる速度で打ち上げられ、長期間にわたって地球を周回し続けたが、1957年のスプートニクの打ち上げは人類が宇宙に足を踏み入れた最初ではない。その記念すべき瞬間が訪れたのはスプートニク打ち上げから15年ほど前、第二次世界大戦で世界中が戦火にあった頃だ。

ナチス政権は形勢を一気に逆転する技術としてロケット開発に非常に力を入れていた。優れたロケット技術があれば、乗組員を危険にさらすことなく、数百キロメートル先の標的に壊滅的な被害を与えることができる。そのため、バルト海に面した街ペーネミュンデに大規模な研究施設が建設された。多数の実験が失敗に終わったものの、1942年10月3日、A‐4液体燃料ロケットがついに高度85キロメートルに到達した。「我々はロケットで宇宙へと侵攻した」と計画の責任者だったヴァルター・ドルンベルガーは述べた。「そしてもう一つ、我々は初めて地球の2地点を結ぶ通路として宇宙を利用した。我々はロケットの推進力により宇宙旅行が可能であることを証明したのだ」

実のところ、この初飛行の実態は宇宙の縁をかすめた程度に過ぎなかった。地球と宇宙の境界線に、はっきりとした共通の基準はない。高度100キロメートルと定義している組織もあるが、米国の宇宙飛行士は海抜80キロメートルに到達すると宇宙に行ったと認定される。しかし、戦争中に飛んだロケットの中には最大の基準値を大幅に上回る最高高度189キロメートルに到達したものもある。したがって、世界で初めて人工物を宇宙に送り込んだのはドイツだと言えるだろう。スプートニクが宇宙に行く15年前に、ドイツでは数百回もロケットが宇宙まで飛んでいた。

A‐4ロケットの開発者たちは宇宙探査を夢見ていたが、実際にはV‐2ミサイルとしてすぐに戦争で使われることになった。ミサイル数百発がロンドンやアントウェルペンをはじめとする各国の大都市に向けて発射され、およそ1万人の市民が犠牲になった。さらにロケットを製造していたドイツの強制収容所では、この数字を大きく上回る2万5000人という死者が出た。宇宙征服の第一歩として幸先のよいスタートとは言えなかっただろう。

戦争が終わると、ナチス・ドイツの技術者たちの多くは米国やソ連に連れて行かれ、それぞれの国でロケット技術開発に携わるようになった。V-2ミサイルの開発で重要な役割を果たしたヴェルナー・フォン・ブラウンは米国に逃れ、月に行ったサターンV型ロケットの生みの親となった。一方、ソ連はペーネミュンデをはじめとするV-2関連施設を手に入れ、多数のロケット科学者を連行した。セルゲイ・コロリョフの指揮の下でソ連はドイツの技術を改良し、ついにはスプートニク1号と有人宇宙飛行計画を実現させたのだ。

誤解 09

万里の長城は月から肉眼で見える唯一の人工建造物だ

この有名な言葉が知られるようになったのは、かなり昔のことだ。1754年に英国の考古学者ウィリアム・ステュークリがイギリス北部にあるハドリアヌスの長城について書いた本の中には以下のような記述がある。

「この長さ129キロメートルの巨大な長城を超える建造物は、地球儀にも目立つように描かれ、月からも見えそうに思われる中国の万里の長城のほかにない」

もちろん、これは人類がまだ月に近づいたことすらない200年以上前の時代の勝手な想像にすぎない。しかし、いい加減なうわさの多くがそうであるように、この話もあたかも事実であるかのように世間に広まった。万里の長城の巨大さは誰もが知るところだ。では、本当に月から肉眼で見えるのだろうか？

答えはノーだ。望遠鏡がなければ万里の長城は月から見えない。万里の長城の平均的な幅は6メートルしかない。一方、月と万里の長城の平均距離は37万1３9キロメートルにもなる。ちょっと考えれば、月から肉眼で見るには万里の長城の幅があまりにも狭すぎることが分かるはずだ。月面に立った人間が中国を見つけても、万里の長城は見分けられないだろう。月から肉眼で確認できる人工建造物は地球上に存在しない。夜になると大都市は光を放つが、人間の目では月からそのような光を見分けることすらできない。

似たような話で万里の長城は宇宙から肉眼で見える唯一の人工建造物だという説もある。ここでいう宇宙とは、地上から数百キロメートルの距離にある地球低軌道のことだろう。この説にも二つほど問題点がある。第一に、その距離から万里の長城を見分けるのは、不可能ではないにしてもかなり難しい。中国初の宇宙飛行士となった楊利偉《ヤン・リィウエイ》は、宇宙から祖国の大建造物を探したが、見つからなかったと述べている。しかし、条件がちゃんとそろえば見えることもあるという意見もある。同様に、ギザのピラミッドも地球低軌道から肉眼では見えないことが宇宙飛行士ティム・ピークのツイートで明らかにされている。

このうわさの第二の問題点は、軌道から見える人工建造物は他にたくさんあるということだ。例えば、夜の時間帯は大都市が明るく光り輝いて見えるし、昼間でも識別できる都市は数多く存在する。川に不自然な影響を与える巨大ダムは、宇宙からでも簡単に見つかる。長い直線道路も、周辺と明らかに色が違うため、やはり肉眼で確認できる。パッチワークのように広がる田園地帯もそうだ。宇宙から見える人工島もある。ドバイ沖に大陸を模して砂で作られた約３００島の人工島群がそれだ。人間の影響は海にもはっきりと見てとれる。現在、海洋では藻が大量発生し、広い範囲が藻類の異常発生に覆われているが、これらは私たち人間が海に注ぎ込んでいる廃棄物が栄養源になっている。

誤解

10

宇宙飛行士が宙に浮かぶのは宇宙が無重力だから

子供の頃にフロリダで休暇を過ごし、魔法のレーザーランドというところに連れて行ってもらったことがある。入場者はレーザー光線銃を使ったゲームで遊べるのだが、それを「無重力」空間で楽しめるというふれこみだった。しかし、現実は何ともがっかりさせられるものだった。「無重力空間」ではレーザーが目に見えない赤外線ビームに変わるだけの話だったのだ（これでは引き金のついたテレビのリモコンと変わらない）。敷き詰められたスポンジのマットレスも、今となっては忘れられない無重力体験の思い出だ。

地球軌道にいる宇宙飛行士も、実はにせものの無重力体験にだまされている。彼らが置かれている環境は、魔法のレーザーランドのよく弾むマットレスに比べれば無重力らしく見えるかもしれないが、宇宙飛行士たちはしっかりと重力の影響下にある。宇宙ステーションにいる宇宙飛行士には、地上の人間にかかる重力の90パーセント近い重力がかかっている。では、なぜ宇宙にいる宇宙飛行士たちは無重力状態にいるように思われているのだろう？

ここに落下するエレベーターがあるとしよう。中に乗っている人間は自由落下の状態にあり、最期の瞬間を迎えるまでの短い時間は内側を自由に飛び回ることができる。これは無重力のように感じられるが、数秒後にはエレベーターが地面に衝突し、現実に引き戻される。宇宙ステーションもエレベーターと同じだ。高層ビルのてっぺんからボールを落としたときのように、この巨大宇宙船は地球に向かって落下し続けている。ただし、非常に速いスピードで水平方向に移動し続けているために、地球にぶつかることはない。実際には、宇宙ステーションは地球の曲面に沿って落下を続けている。

つまり、宇宙ステーションの宇宙飛行士たちは終わりのない自由落下を続けている。そのせいで、無重力状態のように感じられるわけだ。巨大な地球は変わらず存在し、地上の90パーセント近い重力を及ぼしているにもかかわらず、周囲のものすべてが同じ速度で落下しているために、宇宙飛行士たちは重力を意識することはない。実際には無重力ではないにもかかわらず、そのように感じられる。

地球から遠く離れるほど、逆二乗の法則に従って重力はだんだん弱くなる。例えば、地球からの距離が3倍になると、重力は9分の1（3の逆二乗）になる。しかし、重力から完全に逃れることはできない。質量を持つものは何であれ、質量を持った他の物体からの重力下にある。親戚のジーンおばさんはあなたの隣家で使われている芝刈り機からの重力に引っ張られているし、その芝刈り機もオリオン大星雲からの引力を受けている。ここの例で挙げた力は実際にはまったく感じられないほど弱いが、存在していることに変わりはない。太陽系を抜け出して星間空間までたどり着いたとしても、そこでは何十億キロメートルもの彼方にある惑星や恒星が及ぼす重力が待ち受けている。本当の無重力状態を楽しむことはここまで来ても不可能で、観測可能な宇宙に存在するあらゆる物体から重力によって引っ張られ続ける。このような力はあらゆる方向から働きかけてくるが、あちこちで相殺されてほとんど感じられることはない。魔法のレーザーランドのうたい文句がどうあれ、真の無重力を体験できる場所はどこにも存在しないのだ。

誤解11

宇宙船に熱シールドがなければ、地球の大気圏に再突入するときに摩擦熱で燃え尽きてしまう

プールに飛び込んだときに水面におなかをぶつけて痛い思いをした人なら、低密度の領域から高密度の領域に短い時間で移動すると衝撃を受けることが分かるはずだ。地球に帰還する宇宙船にも同様のことが起こる。ほぼ真空に近い宇宙空間から空気のクッションのような上層大気圏に突入するときに大きな負担がかかる。過酷な状況に耐える保護シールドが宇宙船に必要な理由はそこにある。

宇宙船に過酷な状況をもたらす原因は、摩擦だと考えられていることが多い。その意見には一理ある。宇宙船はとてつもなく速いスピードで飛んでいる。宇宙ステーションから地球に突入する宇宙船の一般的な速度は時速2万7000キロメートル、月からなら時速4万キロメートルにも達する。上層大気圏はわずかばかりの分子が漂っている程度の場所だが、それほどの猛スピードで突っ込めば、摩擦による衝撃はプールの飛び込みどころではすまないだろう。

しかし、実情はまったく違う。実は熱を発生させる最大の原因は、摩擦ではなく、空気の圧縮だ。宇宙船は再突入しやすいように円錐形をしていたり、スペースシャトルの下側のようにどこかが平ら

になっていることが多い。再突入の際に猛スピードで大気を通り抜けると、平らな面が機体前方の空気を圧縮していく。すさまじいスピードで突っ込んでくる宇宙船をよける間もなく、空気は機体の前方にどんどんたまる。物理学の基本に従えば、気体を圧縮すると熱が発生する。自転車に空気を入れていると、内部で空気が圧縮されるせいで空気入れがだんだん熱くなってくるのと同じ原理だ。この超高温に熱せられた空気のかたまりは、衝撃波のおかげで直接機体に触れることはないが、それでも熱放射によってかなりの熱がシールドに伝わる。シールドがなければ、伝わった熱によって宇宙船は燃えてしまうだろう。ここで摩擦はほとんど問題にならない。

ついでながら、地球軌道を周回している宇宙船は極超音速で大気に再突入する必要はないはずだ。地球の近くにいた宇宙船は、熱シールドがなくても、再突入の前に速度を落としてゆるやかに上層大気圏を通過できそうに思える。だがそのためには、打ち上げの際の加速とは反対に短時間でしっかりと減速しなければならず、それには何トンものロケット燃料が必要になる。減速のための燃料を運ぶ巨大ロケットを製造するよりも、大気を利用して減速する方がはるかに現実的なのだ。

とはいえ、宇宙や宇宙の手前から帰還するものの中にはシールドを備えていないものもある。2012年に地上38・6キロメートルの高さで気球から飛び降りたことで有名なフェリックス・バウムガルトナーは、宇宙服だけでこのスカイダイビングを成功させた。一体どうやったのだろう？　バウムガルトナーはそもそも高速で移動していたわけではなかったため、減速する必要がなかったというのがその理由だ。同様に、弾道ミサイルも不幸な標的の下に落下する前にいったん宇宙まで飛んでいくが、軌道を周回する宇宙船のような超高速に達することはない。これらの状況では、熱シールドで身を守る必要があまりない。

誤解
12

季節の変化は地球が太陽に近づいたり遠ざかったりするために起こる

暑い夏が終わると、やがて寒い冬がやってくる。地球は楕円形の軌道をたどって太陽の周りを回っている。つまり、地球が太陽を一周する間に太陽との距離がやや近い時期と遠い時期があるということだ。たき火を囲んで踊っているときのように、炎に近づけば熱くなるし、遠ざかれば熱さは和らぐ。それゆえに、夏と冬が存在する。

実にもっともらしい、単純な理屈だ。だが、ほんの少し立ち止まってよく考えてみれば、この説明はひっくり返るだろう。地球が太陽から遠ざかることが理由で冬がやってくるのなら、地球のあらゆる場所で一斉に気温が下がるはずだ。しかし、オーストラリアの人がクリスマスに夏の日差しを楽しんでいる頃、カナダ人は雪に埋もれて過ごしていることは誰でも知っている。北半球が冬の間は南半球は夏で、北半球が夏なら南半球は冬だ。さらに、赤道直下の地域は年間を通して温度がほとんど一定で、季節といえば「雨季」と「乾季」しかない。

地球と太陽の距離が変わるのは本当だが、実際にはそれほど大きい変化ではなく、気温への影響はほとんど問題にならない。むしろ、季節の変化は地軸の傾きに起因している。巨大な棒が北極と南極を通って地球に刺さっていると想像してほしい。これが地球の回転軸となる地軸だ。地軸は地球の公転面に対して垂直ではなく、23・5度の角度で傾いている。ちょうど壁にはしごを立てかけたときくらいの角度だ。このような状態では、同じ地球の中でも太陽からたくさんエネルギーを受け取る場所と、あまりエネルギーを受け取れない場所が出てくる。太陽の正面に向かっている場所にはたっぷりと日光が降り注ぐが、正面から外れている場所では太陽の高さが低く、日射量も減少する。

地球が太陽の周りを回るにつれて、太陽に向かって傾いている部分はゆっくりと移動していく。言い換えれば、季節が移り変わる。

ちなみに、4つの季節はすべて長さが同じというのも誤解だ。季節は、地球が公転する間に通る分点(春分、秋分)と至点(夏至、冬至)によって区切られるが、その定義に従えば冬は89日間、春は92日間、夏は94日間、秋は90日間となる。冬は一番短い季節なのだ。

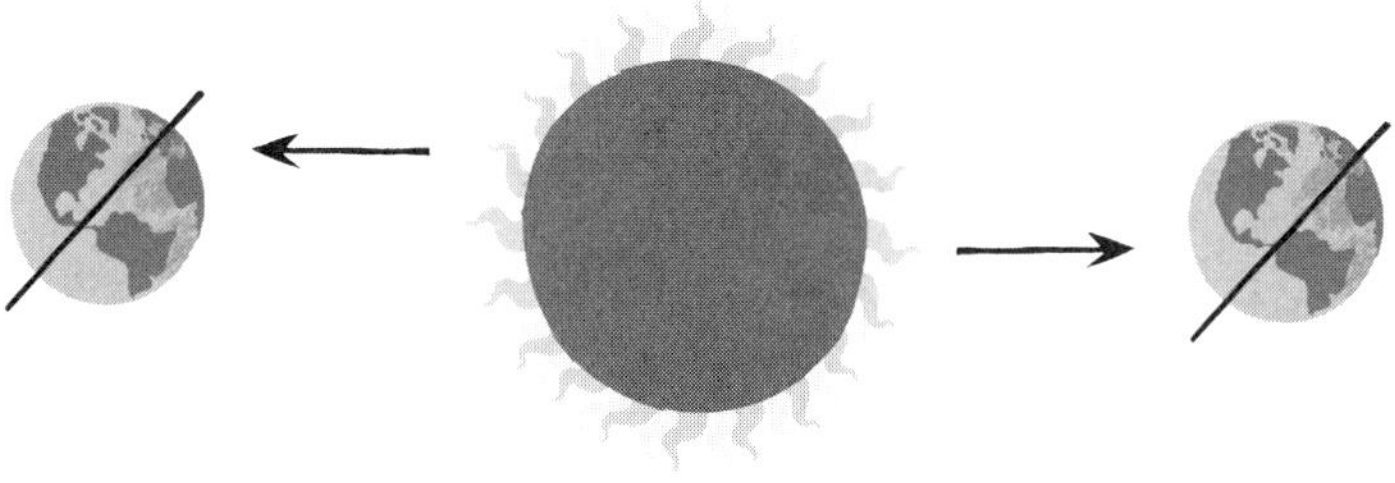

誤解

13

惑星は恒星の周りを回り、衛星は惑星の周りを回る

これはしごく当然の事実に思える。太陽系の8個の惑星は太陽の周りを回っている。水星と金星を除いた6個の惑星の周囲を衛星が回転している。時計の中で歯車が回るように、宇宙の輪も回る。しかし、ここまで本書を読んだ読者なら、実態はもう少し複雑だと聞いても驚かないだろう。

あらゆる物体には重力が働いていることを思い出してほしい。月は地球の重力を受けて軌道から外れずに回り続ける。だが、重力は一方的に働く力ではない。地球も月からの重力の影響を受けている。アニメの主人公で力持ちのポパイと、力もおつむも弱いくまのプーさんが綱引きをしているところを想像してほしい。ほうれん草を持ち出すまでもなく、この勝負はあっさりポパイが勝ちそうに思えるが、のんびりしたプーさんもいくらかは綱を引っ張ろうとするだろう。地球と月の関係も同じだ。地球の方が引っ張る力は強いが、及ばずながら月も一生懸命に対抗している。同様に、月には太陽からの重力も働く。実際のところ、月が太陽から受けている重力の影響は地球のそれより2倍以上も大きい。もし明日地球が消滅したとしたら、月は今度は惑星のように太陽の周囲を回り始めるだろう(*2)。

月は地球の衛星だが、それなりの大きさがあるため、惑星としての権利を主張してもおかしくな

い。例えば、２００６年まで惑星として扱われていた冥王星よりも月の方がサイズははるかに大きい。太陽系の衛星としては木星のガニメデ、カリスト、イオ、それから土星のタイタンに次いで５番目の大きさだが、母惑星である地球のサイズを考えれば、月は他の巨大ガス惑星の衛星とは比較にならないほど存在感がある。月の直径は地球の直径の３分の１に近いが、巨大なガニメデでさえ、その直径は木星の４パーセントにも満たない。地球と月というペアは太陽系でも異色の存在であり、惑星と衛星ではなく二重惑星として扱うべきだという意見もあるほどだ。しかし、月と地球の質量の中心（重心、両天体はこの点を中心として回っている）は地球の内側にあるため、月が惑星だと主張するのは苦しいだろう。

重心という言葉が出たところで、少しこの言葉について解説しよう。惑星について考えるときに飛ばされがちだが、興味深い重要な概念だ。しょっちゅう使う言葉ではないが、感覚的に意味は理解できるだろう。人差し指の先に携帯電話機を乗せて落ちないようにバランスをとってみてほしい。電話機がぐらつかなくなったときに指の先に載っているところが電話機の質量の中心、つまり重心だ。神様のような次元を超越した指の持ち主なら、軌道運動をする複数の天体の重心を支えて天体系を丸ごと持ち上げられるかもしれない。さらに、そのような系を構成する天体は重心を中心として回転する。

ここで最大のポイントは、重心の位置は系の中心ではなく、系の中で最大の質量を持つ天体に近い位置にあるという点だ。地球―月系で言えば、すでに述べたように重心は地球の内側、地球の中心から４分の３あたりに位置している。月と地球はどちらもこの点を中心に回転しているが、月がはっきりと周回運動をしている一方で、地球は少しぐらついている程度にすぎない。しかし、重心がどちらかの天体の内側におとなしく収まっている系はごく少数派だ。冥王星を例にとれば最大の衛星カロンは母惑星に匹敵する質量を持っている。この2個の天体の共通重心は冥王星の表面から960キロメートル離れた位置にある。つまり、カロンが衛星だからといって冥王星を回っていると考えるのは誤りだ。この2個の天体は冥王星に近い、何もない空間を中心として回転している。

最後に、惑星の軌道が太陽を中心とした円であるというのも誤解だ。これが誤りであることは、400年ほど前にヨハネス・ケプラーによって証明された。太陽系のすべての惑星は楕円軌道を通って太陽を周回している。内惑星である水星、金星、地球の軌道は、ややゆがんでいるものの真円に近い形をしている。一方、天王星や土星の軌道ははっきりそれとわかる楕円を描き、太陽は軌道の中心から外れている。有名な話だが、冥王星はかなり変わった軌道を通り、時期によっては海王星より内側を通過することもある。太陽系外の惑星系ではもっと変わった惑星軌道も観測されている。

軌道にまつわる話はややこしいので目が回ってくるかもしれないが、少なくとも重心と軌道の関係は分かってもらえたのではないだろうか。

冥王星（中央）とその衛星カロンは、共通重心にあたる何もない空間の点を中心に回っている。

誤解 14

冥王星に探査機が到達し、太陽系のすべてが探査し尽くされた

1930年に太陽系の彼方で発見された冥王星(＊3)は、私たちの憧れの存在だった。冥王星まではかなりの距離があるため、ハッブル宇宙望遠鏡でもその姿をはっきりと捉えることはできない。だから、2015年にようやく探査機が冥王星にたどり着いたとき、その知らせに世界中が沸いた。探査機ニューホライズンズから送られてきた冥王星の画像は、驚くべきものだった。それまで、冥王星は凍てついた岩の塊だと考えられていた。しかしそれどころか、冥王星では地質活動が確認され、窒素の大気で覆われ、雪が降る可能性まで指摘されたのだ。

科学者たちは、この探査を持って太陽系探査の第一段階は終了したと宣言した。地球から送り出された探査機は、すでに知られている地球以外の7個の惑星すべてに到達し、さらに太陽系惑星のほとんどの衛星と、2006年まで惑星に分類されていた冥王星にまで行った。しかし、ここでポイントになるのは「第一段階」という表現だ。太陽系の調査はまだ始まったばかりにすぎない。探査の対象は何も惑星と衛星だけではないからだ。

例を挙げると、太陽系内には冥王星よりも大きい岩の塊がまだ残っている可能性がある。2005年には、冥王星の2倍の平均距離で太陽を回る天体が発見された。エリスと名付けられたこの天体の質量は冥王星よりも大きいが、サイズは冥王星よりやや小さい。エリス以外にも海王星以遠に冥王星に匹敵するような「太陽系外縁天体」がいくつも発見されたため、最終的に冥王星は惑星から外れることになった。冥王星を惑星のままにしてエリスを10番目の惑星として認める案もあったが、それが実現しなかったのは、同様の天体が他にも多数発見される可能性が高かったためだ。そうなれば、最終的に惑星の数はどこまで膨れ上がるか見当もつかない。そのため、冥王星を分類するための準惑星というカテゴリーが新たに設けられた。現在、冥王星以外に、エリスと小惑星ケレス、それに太陽系外縁天体のマケマケとハウメアが準惑星に分類されている。準惑星に加わる可能性がありそうな天体は他にもいくつかあるが、正式に分類されている天体は今のところこの5個だけだ。ケレスにも2015年に探査機ドーンが派遣されている。ドーンから送られてきた写真には、単調な岩の表面に小さいながらも非常に明るい光点が点在し、予想もしなかった姿に天文学者は困惑した。現在では、光点の正体は塩だと考えられている。5個の準惑星のうち2個にはすでに探査機が行ったことになるが、どちらについても専門家の予想は裏切られた。はるか彼方のマケマケやハウメア、エリスにはどんな秘密が潜んでいるだろう？　また、冥王星の向こう側には一体どれほどの数の準惑星が隠れているのだろうか？　一部の天文学者はその数字を1万個程度と見積もっている。平均すると、これまでは10年に1回の割合で太陽系外縁部に探査機が到達している。現在のペースで探査が進められたとすると、これらすべての天体の調査を終えるには10万年程度の時間がかかることになる（1機の探査機で複数の天体を探査すればもっと早く探査を終えることができるかもしれない）。

準惑星は、太陽系で未探査の天体の一カテゴリーにすぎない。冥王星の周辺に位置するカイパーベルトと呼ばれる領域には、1000個以上の小型天体が存在することがすでに分かっている。正確なところは不明だが、最も有力な予測では直径100キロメートル以上の天体が10万個程度が存在するといわれており、さらにもっと小型の天体が100万個単位で存在している可能性もある。2006年に打ち上げられ2015年7月に冥王星を観測した探査機ニューホライズンズは、さらに2019年元日、カイパーベルト天体の一つ、ウルティマ・トゥーレに到達した。

このような遠方には大型天体が存在する可能性もある。2016年初めには、太陽から海王星までの20倍ほどの距離で太陽を周回する、地球の10倍ほどの大きさの天体が存在する証拠が見つかったことが発表された。それほどのサイズであれば、惑星の資格を与えられるには十分なはずだ。本稿の執筆時点でこの謎の天体はまだ直接観測されていないが、存在するとすれば付近の領域で奇妙な軌道を描くいくつかの小型天体の運動に説明がつく可能性がある。他にも未発見の惑星候補がいくつも隠れているかもしれない。

太陽系にはまだまだ、分かっているだけで5000個を超える彗星、数百万個の小惑星、「ケンタウルス族」「トロヤ群」といったちょっと変わった名前がつけられた天体群、太陽系の彼方に位置する氷の微惑星が漂う「オールトの雲」（実際にはこの領域の天体はまだ観測されていない）などが存在する。太陽系をすべて理解したと人類が宣言できるまでの道のりははるか遠い。探査範囲が広がるほどに、私たちはより多くの不思議なものに出会うだろう。例えば、シュヴァスマン・ヴァハマン第1彗星という長い名前がつけられた天体がある。この彗星は数カ月ごとに輝度が大きく上昇する。場合によっては普段の1万倍も明るくなることがあるほどだが、理由は謎のままだ。

太陽系のどんな片隅の1メートル四方の範囲を切り取って調べてみても、学ぶべきことは多い。最近まで生命が存在する可能性があるのは「ゴルディロックス・ゾーン（ハビタブル・ゾーンとも呼ばれる）」のみだと考えられていた。これは恒星からの距離が適度に離れていて生命に必要だと考えられている液体の水が存在できる限られた領域で、太陽系では地球と火星が該当する。しかし、現在ではこの領域の外側でも、条件を満たす天体はたくさんあると考えられるようになった。例えば、木星の衛星エウロパには地表を覆う氷の下に液体の水の海が存在する可能性が非常に高いと考えられている。その内側にはどんな秘密が隠されているのだろう？　同じく木星の衛星であるガニメデや、土星の衛星エンケラドゥスにもやはり生命が存在する可能性が指摘されている。太陽系の最果てに位置する天体でも、地下に水を擁する可能性は否定できない。海王星よりも遠方に位置する小惑星セドナにも、地下に液体の水の海が存在するという説がある。

太陽系探査は、冥王星への接近通過で終わったわけではない。ウィンストン・チャーチルの有名な言葉を借りるなら「ここが終わりではない。終わりの始まりでもない。しかしあるいは、始まりの終わりかもしれない」ということになるだろう。

COLUMN

結局、準惑星とは何なのか?

2006年まで、惑星の正式な定義というものはなかった。エリスが発見されただけでなく、さらなる大型天体が存在する可能性も疑われ、惑星の定義を再考する必要が生じた。国際天文学連合は最終的に(太陽を除く)太陽系のすべての天体を次のいずれかのカテゴリーに分類することを決めた。

惑星:太陽を周回する、大型で球形の天体。最もなじみ深いカテゴリーと言えるだろう。惑星には、水星、金星、地球、火星、木星、土星、天王星、海王星の8個が該当する。

準惑星:太陽の周り(他の天体を回っている場合は該当しない)を回り、ほぼ球形を維持できる天体という点では惑星とほぼ同じだ。一般的には惑星よりも小さいが、惑星との一番の違いは「周辺天体を一掃している」かどうかにかかっている。準惑星は周辺の天体を押しのけることができず、周囲にも天体が存在している。例えば、ケレスは太陽を周回する球形の天体だが、無数の小惑星が周辺を漂っている。同様に、冥王星もいわゆるカイパーベルトを構成する多数の天体の一つにすぎない。地球のような正式な惑星は、自らが通る軌道の周辺で、衛星以外の天体を早い段階で残らず退けている。

衛星:自身より大きい質量を持つ天体(通常は惑星または準惑星)の周りを回る天体。衛星は(月のように）球形でも、（火星の2個の衛星のように）球形でなくても構わない。

太陽系小天体：太陽の周りを回る天体で、惑星、準惑星、衛星を除くすべての天体を指す。彗星、（球形であるために準惑星に分類される）ケレスを除いたすべての小惑星、その他の太陽系外縁部を漂うさまざまな岩の塊が該当する。

COLUMN

科学的ではないが信じたくなる法則と定理

「法則」と名のつくものに、必ず科学的な裏付けがあるとは限らない。ここからは、日常的に起こる当たり前のことを「法則」という名前で呼んでもっともらしく仕立てた例をいくつか紹介しよう。

ベタリッジの見出しの法則

疑問符で終わっている見出しの答えは「ノー」になる。誘導的に質問を問いかける見出しに対してジャーナリストのイアン・ベタリッジが考え出した法則だ。「地球以外の惑星で生命を発見？」「幽霊は本当に存在するか？」などはよく見かける例だ。残念ながら、この法則は「ベタリッジの見出しの法則は本当か？」と問いかけられると答えようがなくなる。

クラークの三法則

SF作家アーサー・C・クラークの「三法則」は、まさに金言だが、科学とはまったく関係がない。

・**第一法則**：高名な年配の科学者が何かを可能であると言った場合、その主張はおおむね正しいが、不可能だと言った場合は、その主張はたいてい間違っている。

・**第二法則**：可能性の限界を探る唯一の方法は、不可能だと言われる領域まで少しだけでも足を踏み入れてみることだ。
・**第三法則**：高度に進歩した技術は魔法と区別がつかない。

ゴドウィンの法則

インターネット上での議論は、長引くほどナチスやヒトラーが引き合いに出されることが多くなる。米国の弁護士マイク・ゴドウィンにちなんで名づけられたこの法則は、1990年代初頭にニュースグループの掲示板から生まれた。オンラインのスレッドでコメントに詰まったときに、この法則は今も変わらず当てはまることが身をもってわかるはずだ。現在はゴドウィンの法則は一般にも広く知られ、オックスフォード英語辞典にも収録されている。

ムーアの法則

集積回路のトランジスタ数は2年で2倍になるという有名な経験則。これはゴードン・E・ムーアが1965年に行った予測だが、多少のずれはあっても、予測されたペースは現在まで維持されている。その理由の一つには、ムーアの予言の自己実現的な性質が挙げられるかもしれない。半導体業界ではムーアの法則が開発目標の目安として使われてきた経緯がある。そうでなければ現在のような目覚ましい進歩は実現しなかったかもしれない。さらに、今後もずっとムーアの法則が成立すると考える論理的な理由は見当たらないのが現状だ。チップの構造は物理的な限界に近づきつつあり、常識を覆すような斬新なアプローチが手頃な価格で実現されない限り、状況は打開されないだろう。

マーフィーの法則

不運の法則とも呼ばれる。失敗する可能性があるときは、必ず失敗する。この法則の名前は航空エンジニアのエドワード・A・マーフィー・Jrに由来している。一番引用されることが多いマーフィーの法則に、「トーストを落とすと、必ずバターを塗った面が下になって落ちる（食べられなくなる）」というのがある。これは悪いことばかりでもない。バターを塗った面を上にしたトーストをネコの背中にくくりつければ、反重力装置や永久運動機関ができてしまう。なぜかって？　マーフィーの法則によれば、猫は必ず足で着地するし、トーストは必ずバター側を下にして落ちるからだ。つまり、トーストがくくりつけられたネコは、バターの面とネコの足がそれぞれ先に着地しようと競い合って空中でぐるぐる回転することになる。マーフィーの法則はインターネット上でもあちこちのサイトで紹介されている。詳しく知りたければそちらを見るといいだろう。

スティグラーの法則

科学的発見に第一発見者の名前が冠されることはないという法則。くわしくは75ページの「本当の発明者は？」を参照。

CHAPTER 3

極限の物理学

この世界は私たちが思っているよりも不思議で、
私たちの想像力を超えるほど不思議なところだ。

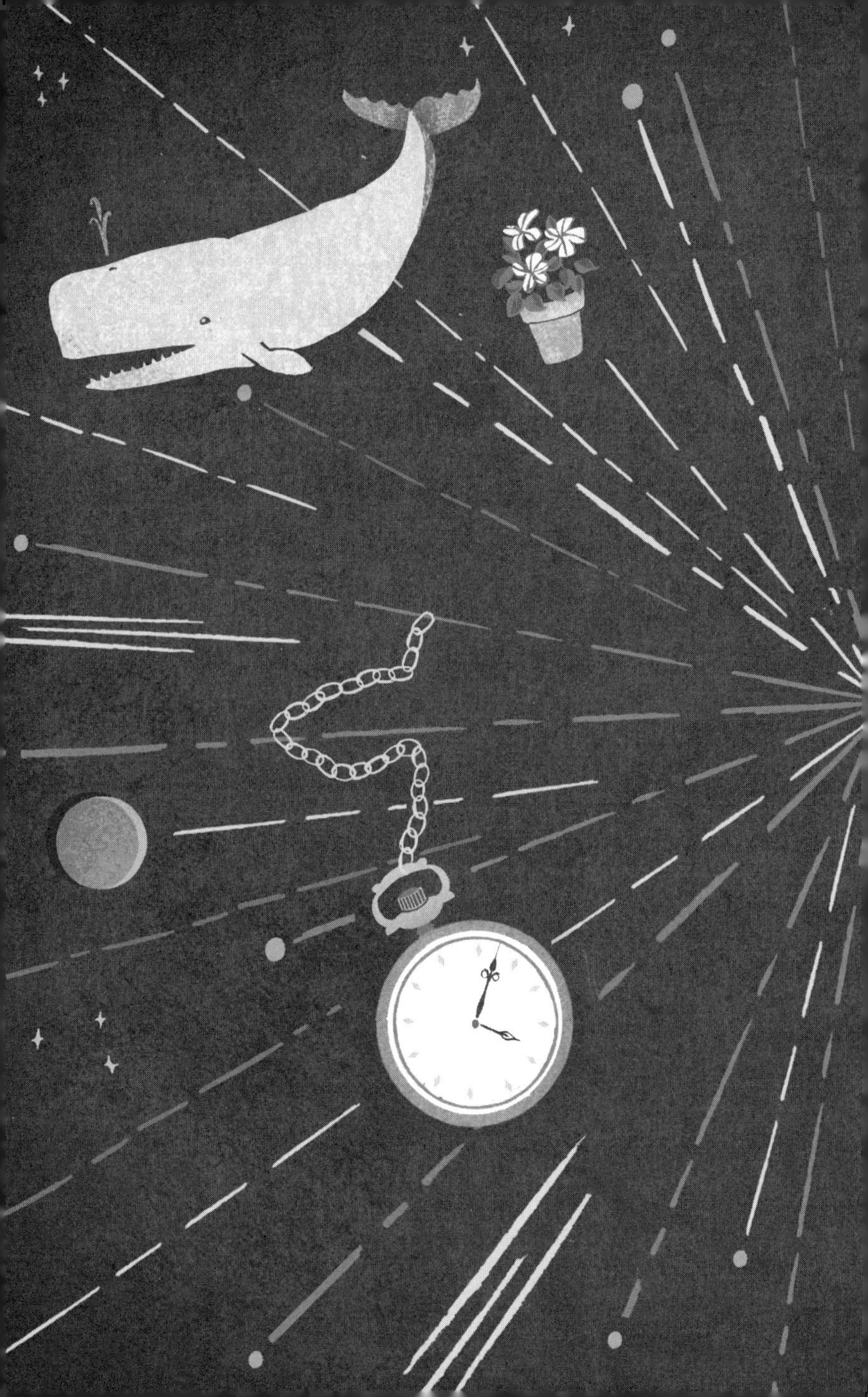

誤解
15
私たちが暮らす宇宙は4次元空間にある

アインシュタインの登場以来、私たちは自分たちがいる場所が3次元の空間と1次元の時間で構成される4次元の世界だと当たり前に考えるようになった。だが、この世界のそこかしこにさらなる次元が潜んでいる可能性も否定できない。いや、むしろその可能性の方が高いかもしれない。4次元以外の次元、余剰次元はどこに隠れているのだろうか?

理論物理学者は余剰次元を観測できる特別な能力を備えているわけではないが、ひねりのきいた代数や突飛な幾何学など、数学という道具を使って世界を読み解く力を持っている。中でも有名なアプローチは、いわゆる超弦理論(超ひも理論)だろう。超弦理論では物質を構成する最小単位は振動する微小なひもだと考えるため、このような名前がついている。超弦理論が支持される理由は、最も基礎的なレベルで重力がどのように働くかを理解し、今まで誰もなしえなかった自然界の3つの力と重力を統合した方程式が成り立つことにある。重力は旧来の枠組みには収まらないため、物理学者たちは重力を押し込めておくために余剰次元という場所を用意した。最新の弦理論の中には、この世界が成立するためには10次元が必要だとするものもある。誤植ではない。「10次元」だ。

10次元の世界を理解するのは簡単ではないが、何とか説明してみよう。ここから先の説明では、内容をしっかり理解してもらえるように普段使わないような言葉も出てくる。日常的な表現だけでは十分に説明しきれないのだ。

　最初の3次元は簡単に分かってもらえるだろう。これは長さ、幅、奥行きの3つの次元で構成される。人間は（間違っている場合もあるが）直感で第4の次元、時間も理解できる。その先の次元について分かってもらうために、時間を1次元のまっすぐな線としてイメージしてほしい。時間は宇宙が誕生したビッグバンを起点とし、どんなものかは分からないが宇宙の終えんに向かって一直線に続いている。イメージできただろうか？　よろしい。では、4次元の先の世界に足を踏み入れていこう。

　5次元と6次元に入るには、まっすぐだった1次元の時間をちょいと曲げて、別の方向にも進めるようにしてやる必要がある。といっても、力づくで曲げるわけではない。私たちは何らかの判断を下すたびに、固有の時間軸の中に入り込んでいく。5次元を移動すると、ある時間軸から別の時間軸に移ることができるようになる。例えば、あなたがとてつもなく難しい物理学の講義を聞かされている場面を想像してほしい。話の内容はまったく理解できず、イライラが募ってくる。そういえば、ポケットに水鉄砲が入っていたはずだ。ここはひとつ、水鉄砲で教授をずぶぬれにしてやりたいところだ。それとも、このまま平静を装って無意味な話を聞き続けるか？　4次元の世界では、どちらか一方しか実現することはないし、結果として生じた事態の責任は自分で引き受けるしかない。しかし、5次元の世界にいるなら、水鉄砲で教授にたっぷり水を浴びせた後で別の時間軸に移動して、何事もなかったように（実際にそこでは特別なことは何も起こっていない）涼しい顔をしていることも可能だ。

　つまり、5次元の世界は時間に第2の次元が加わったようなものだ。6次元も同様に、時間が3次元になったと考えればよい。そこには、私たちの宇宙で起こるかもしれないありとあらゆる可能性が含まれている。話し続ける教授をずぶぬれにするのは一つの可能性だが、それ以外にも、教授に向かって「話をやめろ！」と叫ぶかもしれないし、立ち上がって教室を出ていくかもしれないし、「#退屈な教授の話」のハッシュタグをつけて教授の写真をインスタグラムに投稿するかもしれない。第6の次元では上記のすべての事態が起こる可能性があるが、それに加えて宇宙のどこかでいつか起こる可能性があることならどんなことでも起こりうる。

これでもまだ6次元までしか来ていない。あらゆる可能性を超えた7次元以上の世界はどんなものなのだろうか？　ここまでの話で出てきた次元間移動は、法則にのっとってすべてが進行する世界に限られていた。例えば、物理学教授に浴びせかけた水が天井まで浮遊していったり、突然失速して床にこぼれたり、あるいは標的になった教授が原子レベルでバラバラになって消えてしまうようなことは起こらない。ここまでの6次元世界では、思いもよらない出来事が起こる心配はなかった。では、自然界の基本的な力は変わらないが、一味違った世界をのぞいてみよう。

第7の次元に入るには、これまでの世界のさらに外側に出ていかなければならない。私たちの宇宙のようにビッグバンから始まったが、自然界の力がちょっぴり(あるいは大きく)違う世界を想像してほしい。例えば、重力が800万倍も強かったり、逆に1／100しかない世界、あるいは原子の構成要素を結合させている力(いわゆる「強い力」)が今いる宇宙よりはるかに遠くまで影響を及ぼす世界では、今私たちの目の前にある粒子とは似ても似つかない粒子が生まれるに違いない。つまり、7次元の世界には自然界の4つの基本的な力がまったく異なる宇宙が存在するわけだ。

もう一歩先に進んで、4つの力がそれぞれ違う値に置き換わった状態で実現する可能性があるあらゆる宇宙が載った平面を思い浮かべてほしい。これが第8の次元だ。

そろそろ次元の旅にもくたびれて、ここらでおしまいにしたいところかもしれないが、この先の話はますます常軌を逸していく。第9の次元には、実現する可能性があるあらゆる宇宙の起点と、起こりうるあらゆる未来が詰め込まれている。9次元の世界では、この宇宙で物理的に可能なあらゆる状態や結果と、別の宇宙のそのような状態とを行き来できる。最高の次元となる第10の次元では、あらゆる状態が完全に一体となって結びついている。

やれやれ、やっと最後までたどりついた。

もちろん、これまでに4次元を超える高次元を観測したり、高次元宇宙に行った人間はいない。ここで紹介した高次元の世界は、あくまで理論から導き出された結果にすぎないのだ。しかし、弦理論が正しいなら、次元の数は10でなければならない。例えば、第9と第10の次元をばかばかしいと言って放り出してしまえば、弦理論の数式は成り立たなくなる。弦理論には別バージョンもあるが、こちらはもっと大変だ。一部の弦理論では世界が11次元だと主張しているし、なんと26次元が必要だとする理論まである。ここでそのすべてを説明しようとは思わないが、興味がある人には5次元世界を通り抜ければ手に入る本書の別バージョンをお薦めしておこう。

誤解
16

光よりも速く飛ぶものは存在しない

これは誰でも知っている科学的事実の一つだ。アインシュタインの登場以来、光より速く飛ぶものは存在しないことを私たちは知るようになった。光はとてつもなく速いスピード——秒速約30万キロメートル——で移動するが、物理学の法則に従えば何者も光の速度を超えることはできない。ロケットが光速で飛ぼうとすれば無限のエネルギーが必要になるが、そんなことは不可能だ。そこで、この限界を回避するため、ちょっとしたトリックを使う。

条件さえ整えば、よたよた歩きのカメでも光を追い越すことができる。すべては空間を満たす媒質にかかっている。舞台が深宇宙なら、遮るものは何もなく、光は想像を絶するスピードで飛んでいく。これは私たちの目に見える可視光に限った話ではなく、X線やガンマ線、電波などのあらゆる放射線にも当てはまる。だが、光の進路に何か透明なものを置けば、その速度を制限することができる。

例えば、地球の大気を通り抜けるとき、光にはわずかにブレーキがかかる。空気の層を太陽の光が通過すると、速度は9万メートル／秒ほど落ちる。かなり大きい数字のように思えるが、これは真空中の光の速度よりも、わずか0・03パーセント遅くなったにすぎない。これがガラスと水なら、もっとはっきりした減速効果が見込める。これらの物質の中では光の速度は約3分の2まで遅くなる。光の速度が変化することで、光の角度も変わる。この効果は屈折とよばれ、プールの底から上を眺めると簡単に体験できる。

ガラスや水以外の特殊な材料を使えばもっと光を遅くできる。1999年に光をわずか17メートル／秒、時速に直すと61キロメートル／時まで減速させる物質が大きな話題を呼んだ。広い道路なら車でも追い越せそうな速度だ。このとき使われた物質は、絶対零度に近い超低温まで冷却したボーズ・アインシュタイン凝縮体と呼ばれるナトリウム原子の雲だった。技術の進歩により、現在では光を静止させ、しばらく閉じ込めた後で放出することもできるようになった（光が壁にぶつかったときは単に吸収または反射されるだけで、まったく状況が異なる）。このような光のトラップは、通信機器やデータ保存技術の可能性を大きく広げる。

過去数年間で、科学者たちは真空中でも光を操って減速させる術を身に付けた。技術的な詳しい説明は複雑なので省くが、簡単に言うと、光の粒子（光子）の「形状」を変えるマスクに光を送り込むことで大幅な減速が可能になる。光子はマスクの通過後も減速された速度を維持したまま進む。そうすると、光子は真空中を進んでいるにも関わらず、不変だと思われている速度よりも遅くなる。

光速の壁をうまくくぐり抜けるには、他にも抜け道がある。一つはSF小説でおなじみのワープだ。スター・トレックに登場する宇宙船USSエンタープライズは、光速を超えるような加速を目指す代わりに、空間をねじ曲げて目的地までの距離を縮める方法を選んだ。アインシュタインの相対性理論に従えば、このようなアプローチは不可能ではないが、私たちはまだその方法を知らない。似た方法として、遠く離れた2カ所の領域を結ぶ「ワームホール」のトンネルをくぐり抜けるというやり方もある。これも理論的には光よりも速く2地点間を移動することが可能になる。問題は、これまでにワームホールは見つかっておらず、その作り方もわからないことだ。

また、量子力学の世界では、明らかに光よりも速く情報が伝わるように思われる過程が存在する。そのためにはまず、2個の粒子の量子状態を重ね合わせて、いわゆる「量子もつれ」の状態にする。量子もつれを普通の表現で正確に説明することは難しいが、2個の粒子が一つの量子状態を共有しながら存在しているとでも言えばよいだろうか。このようにもつれた状態にある2個の粒子をそれぞれ反対の方向に送り出すとする。2個の粒子は物理的に遠く離れるが、距離に関係なく量子もつれは維持される。この2個の粒子の片方に摂動(小さな力)を加えて状態を変化させると、たちどころにもう一方の粒子にも影響が現れる。この光速の壁を超えたように見える奇妙な結果を、アインシュタインは「不気味な遠隔作用」と評した。しかし、量子もつれはあまりにも偶然の影響が大きく、情報伝達やデータ転送の手段として実用化するのは難しそうだ。

最後に紹介するアインシュタインの法則に当てはまらない例は、ちょっとばかばかしいようだが、英国王室だ。王室には明確な王位継承順位がある。国王(女王)が死去すると、順位が第1位の王位継承者がすぐに新国王(女王)として即位する。「王は死すとも王制は死せず」というわけだ。王位の継承はまったく間をおかず行われるため、光よりも速いと言って差し支えないのではないだろうか。将来、ウィリアム5世(現在のウィリアム王子)が仮に火星で死去したとしても、亡くなった瞬間に息子のジョージ王子が王位を継承して国王になる。火星から地球までは光速で通信しても20分程度かかるが、国王崩御の知らせが届く前に新国王が誕生していることになるのだ。このような概念は「死者の財産は直ちに相続人に与えられる」という形で法律にも明記されており、王室以外の世襲にも適用されることになるだろう。

誤解

17

光さえも逃げ出せないブラックホールは検出できない

ここまで本書を読み進めてきた人は、そろそろくたびれている頃かもしれない。ここらでちょっと一息入れよう。立ち上がって足を伸ばし、しばしストレッチをする。終わったかな？　よろしい。たった今、あなたは自分の質量を地球の中心から数センチメートル遠い場所に移動させた。地球のどこにいても、重力を意識することはあまりないだろう。ほとんどの人の足の筋肉は、少なくとも短い距離であれば地球の引力に対抗できる強さを備えている。もしそうしたいなら、空中にジャンプして余裕の雄叫びを上げることもできる。

同じことをもっと大型の星でやってみるといい。すんなりとはいかないはずだ。例えば地球の大きさを2倍にすると、質量は8倍になる。そこでは私たちの体が受ける重力は2倍になる。おそらく椅子から立ち上がることはできるだろうが、叫ぶような余裕はないはずだ。さらに大型の星に行けば、椅子から立ち上がることもままならなくなる。もっと星が大きくなれば、椅子は崩壊し、あなたの頭蓋骨や胸郭も形を維持できなくなるはずだ。星の質量が極限まで大きくなると、星の表面のあらゆる物体は内側に向かって押しつぶされてしまう。あなたの亡きがらは圧倒的な力で星の中心に引き寄せられていく。それに抵抗できる力は何もない。あなたはブラックホールに入ったのだ。

重力に関していえば、ブラックホールは文句なしの怪物だ。先ほどと同じような思考実験を今度はさかさにして、地球をマグカップに入るくらいの大きさまでぺちゃんこにしてみよう。圧縮しただけなので、質量や重力の強さは変わらない。これで地球はブラックホールに匹敵するほどの超高密度天体になる。マグカップは一瞬のうちに飲み込まれ、そのままあなたの手、腕、上半身、それから視界にあるものすべてがその中に姿を消す。

ブラックホールを扱う本や記事は、このような効果について口をそろえて「光さえも逃れられない」と書いている。その表現は、現在までに分かっている範囲ではまったく正しい。ブラックホールの事象の地平線を越えてしまえば、そこから帰って来る方法はない。しかし、物理学ではあらゆる物体は放射線を出すという、一見矛盾したような興味深い法則がある。言い換えると、ブラックホールは完全な暗闇ではなく、放射線を出していることになる。つまり、放射線は逃げ出しているのだ。

ここには仮想粒子と呼ばれる現象が関わっている。何もないと言われる空間であっても、量子力学的にみれば本当の空っぽではない。そこでは仮想粒子が沸き立っている。粒子と反粒子の対（ペア）が生まれては次の瞬間に消滅することを、ひとときも休まずに繰り返しているのだ。

1974年にスティーブン・ホーキングは、ブラックホールの事象の地平線のすぐ外側で生成された仮想粒子にどのようなことが起こるかを示した。生成されたペアの片方の粒子がブラックホールの事象の地平線に吸い込まれると、その粒子は姿を消して二度と現れることはない。残されたもう1個の粒子は突然パートナーを失って消滅できなくなるため、そのままこの宇宙にとどまり続け、ブラックホールからの放射となって放出されることがある。このような脱出者の集団はホーキング放射と呼ばれる。ホーキング放射の観測はまだ成功していないが、理論物理学者の間ではホーキングの理論の信頼性は非常に高いとされている。

断っておくが、ホーキング放射はブラックホールからは何ものも逃げ出すことができないという基本原則を本当の意味で破ったわけではない。ホーキング放射が発生する場所は、戻れなくなる限界点とされる事象の地平線のすぐ外側だからだ。それでも、ホーキング放射の可能性は、ブラックホールが完全なる暗闇の天体で光を出さないという通説をひっくり返す。事象の地平線の向こう側で何が起きているかは、数学と物理学を駆使して推測するしかないが、事象の地平線の内側では物理法則すら破綻する。

本書の執筆時点でホーキング放射は検出されておらず、ブラックホールの撮影も成功していない。しかし、いくつかの証拠からホーキング放射の存在はほぼ確実視されている。2016年の初めに2個のブラックホールの合体に伴って放出されたと思われる重力波が観測されたこともその一つだ。渦巻くガスの雲が巨大な重力中心に引き寄せられながらも吸い込まれずにいるという現象もあちこちで起きているが、これもホーキング放射を支持する証拠になる。このときに放出される特徴的なX線は地球でも観測されている。

COLUMN

本当の発明者は？

発明は科学から生み出された成果だ。挑戦と失敗、実験とひらめきの積み重ねが人々の役に立つ発明品を生む。どうも人間は自分だけの力でアイデアをひねり出して世界を変える、孤高の天才や一匹オオカミを好むようだ。しかし、現実の科学や発明ではめったにそんなことは起こらない。往々にして、発明者の称号はその一部にしか関わっていない人物に与えられることが多い。そのような誤りが生じる理由は主に三つある。

(1)多くの発明は研究と設計に膨大な時間を費やした末に生まれる。その際には大人数のチームで協力し合うことも珍しくない。発明が一人だけの力で実を結ぶことはほとんどない。チームリーダーやマスコミに顔を出す代表者だけが発明者ではないのだ。「スティーブ・ジョブズがiPhoneを発明した」とはどういう意味なのか考えてほしい。

(2)まったく新しい発明が何もないところからいきなり誕生することはめったにない。発明とは、すでにある技術を改良したり、工夫を加えたものがほとんどだからだ。少しずつ改良が重ねられた結果、発明品は生まれる。この場合は改良に貢献した全員に発明者を名乗る権利があるかもしれない。

(3)発明者は自らの発明品を販売する気がなかったり、そのような力を持ち合わせていないことが決して少なくない。そして数年後に誰かが(知ってか知らずか)同じアイデアを出してきて事業を成功させ、富と名声を手に入れる。この第二の人物が発明者として有名になることも多い。

このようにさまざまな要因が複雑に絡み合った結果生まれたのが、「科学的発見（あるいは発明）に第一発見者の名前が冠されることはない」というスティグラーの法則だ（*1）。ここからは歴史的に有名でわかりやすい例をいくつか紹介していこう。

トーマス・エジソンは電球を発明したと言われている。電球が誕生するまでの発明物語には、世界でも類を見ないほど異説がある。発明者の栄誉はトーマス・エジソンに帰せられることが多いが、新技術の多くがそうであるように、エジソンも電球の開発に携わった大勢の技術者たちの一人にすぎなかった。1800年に電流を流すと銅線が光ることに最初に気がついたアレッサンドロ・ボルタも功績を認められてもよさそうな一人だ。その2年後、今度はハンフリー・デービーが電極となる炭素の棒の間に電離ガスを封じ込めて明るく光るようにした「アーク灯」を作り上げた。現在のような姿をした電球は、1840年にウォーレン・デラルーによって発明されている。デラルーは材料に白金を選んだが、価格が法外で普及しなかったために名を残し損ねた。その後の数十年間でもこれに匹敵するような電球がいくつも登場した。特に有名なところでは、1860年にジョゼフ・スワンが発明し、1880年に改良したデザインで英国の特許をとった白熱電球だろう。エジソンはこれとよく似た電球で米国の特許を手にし、市場に売り出すことに成功した。ここで挙げた全員に「電球の発明者」を名乗る権利はありそうだ（その可能性がありそうな人たちは他にもまだいるが）。電球が光るまでの過程を描いた本も何冊も出版されている。

ヘンリー・フォードは自動車とライン生産方式の生みの親だと言われる。1908年にフォードのモデルT（日本ではT型フォードとして発売）が登場するまで、自動車はめったに見かけない乗り物だった。蒸気の力で動く「馬なし馬車」が初めて登場したのは18世紀、内燃機関を積んだ最初の自動車が道を走るようになったのは1880年代のことだが、中流階層に自動車を売るビジネスで最初に成功を収めたのがフォードだった。フォードの成功を支えたのが、効率のよいライン生産方式だ。自動車は、一列に並んでそれぞれ違った作業を担当する作業員のもとにコンベヤーで順番に運ばれ、次々と組み立てられていく。この方法を考案したのはフォードだと言われることが多いが、ベルトコンベヤーを使った生産方式はフォードで導入されるかなり前から普及していた。とりわけ、自動車会社ランサム・オールズはフォードよりも数年早く効率的なライン生産を進めていた。

ピタゴラスは三角形の三つの辺の関係を発見したとされる。ピタゴラスの定理は誰もが学校で習っているだろう。直角三角形の短い二辺の2乗の和は一番長い辺の2乗に等しいというやつだ。しかし、この等式はピタゴラスの時代より数世紀も前から知られており、さまざまな文明で利用されてきた。ピタゴラスはこの定理を見つけたわけではなく、あらゆる直角三角形にこの定理が当てはまることを証明した(おそらく)最初の人間だったのだろう。

蒸気機関を発明したのは**ジェームズ・ワット**だというのが通説になっている。蒸気の時代に対する彼のまれに見る貢献は高く評価されてしかるべきだが、実用的な蒸気機関を開発した人間は彼が最初ではない。その栄誉にあずかるべき候補の筆頭は、トーマス・セーバリーというあまり知られていない人物だ。1698年にセーバリーは「揚水および水車場の全作業を行う」機械の特許を取っている。実際にはこの機械は出力が十分でなく、限られた用途にしか使えなかった。最初に実用化に成功した蒸気機関は、1712年にトーマス・ニューコメンがセーバリーらのデザインを改良して作り上げたもので、ジェームズ・ワットがもっと安上がりな蒸気機関を引っ提げて登場するまでの約70年間、初期の産業革命を支え続けた。

CHAPTER 4

奇妙な化学の世界

原子や分子の世界の冒険は、
何もかもがまったく予想外の連続だ。

CH
S
H3C
O
S
O
NH
O
CH2 — O
CNH
CH2 — NH
CH3
N
K2

誤解

18

化学物質は体に悪いので取らない方がいい。自然が一番！

一酸化二水素の摂取は、何があっても避けた方がよい。この無色無臭の物質は、酸性雨の主成分であり、自然の地形を侵食し、金属をさびつかせ、工業処理で最も多用される溶剤でもある。毎年、数千人がこの物質を肺まで吸い込んで死亡しているにもかかわらず、企業は多くの消費者製品にこの物質を添加し続けている。

こんな話が世間をにぎわせたことがあった。実はこの一酸化二水素とは、H_2O、つまりは水のことだ。水を一酸化二水素と言い換えて危険な物質のように思わせるのは、ちょっと表現を変えるだけで人々の不安をあおるやり方として有名だ。そこには自然＝善、化学物質＝悪、という図式が成り立っていることがうかがえる。先ほど述べた説明にまったく嘘はないが、水を一酸化二水素と言い換えただけで有害物質のように聞こえるのは確かだろう。

一般的に、社会は化学物質に対してかなり警戒的だ。健全な姿勢と言えばその通りで、ＤＤＴ（ジクロロジフェニルトリクロロエタン、危険性が高いとされる農薬）やＣＦＣ（クロロフルオロカーボ

ン、オゾン層を破壊するフロン類）などの化学物質が環境を破壊するのだとしたら、いろんな物質が私たちの体に影響を与えないとは言い切れない。しかし、ごく少数の化学物質が有害だからといって、すべての化学物質を悪だと決めつけるべきではない。

一般に化学物質を避けたいと言うときの化学物質とは、添加物を指している。よく使われている添加物のごく一部は健康状態によっては避けた方がいいものがあるのは確かだが、日常的な摂取量ならほとんどの人には影響がない（むしろ有益な場合もある）。

特に悪名高い添加物はグルタミン酸ナトリウム（MSG）だろう。MSGは白い粉で、うまみを出すために特に中華料理で使われることが多い。食後しばらくして現れる頭痛やしびれ、空腹感といったさまざまな症状は、MSGが原因だとする説もある。グルタミン酸ナトリウムという名前も何やら人工的で体に悪そうに思える。

実際には、MSGは自然界に普通に存在する化合物で、果物や野菜、乳製品に含まれる。人類はこれまでもずっとMSGを口にし続けてきたし、この100年ちょっとは料理にその成分を余分に加えるようになったというだけの話だ。MSGにまつわる噂は枚挙にいとまがないが、MSGと副作用の関連性を証明する研究結果はこれまで出ていない（研究自体は何十件も行われている）。もちろん、常識では考えられないほど大量に摂取すれば、胸がムカムカしてもおかしくないが、適量の範囲ならMSGの安全性にまったく問題はないことが研究で繰り返し確認されている。

MSGは「自然のものではないから食べるな」と誤解されている多くの例のごく一部にすぎない。「自然のものではないから」という理由で何かを食べるなという意見には、4つの点で問題がある。

(1) 人工的に合成された物質の中には絶大な効果があり、非常に役に立つものも多い。歯を磨いたり、髪の毛を洗ったり、ガンを治療したり、頭痛を和らげたりするときに、天然成分だけで現在使われている製品に匹敵する効果を実現することは不可能だ。

(2) 同時に、人工的な成分だと思われている化合物の多くは、元々は自然界に存在する物質だ。一般的に使用されている保存料は、ソルビン酸、安息香酸、二酸化硫黄、ナタマイシン、硝酸塩のようにひどく人工的な印象を与える名前で呼ばれるが、どれも自然界でいくらでも見つかるものばかりだ。

(3) 一部の合成化合物は避けるにこしたことはないというのは本当だ。しかし、天然の化合物や有機化合物の中にも人間の体に害を及ぼすものが数多く存在する。例えば、塩は地球での存在量が最も多い化合物の一つでどこの家の台所にもあるが、塩分の取り過ぎによる心臓病が原因で年間数百万人が命を落としている。ほとんどの毒物や薬物は天然由来の物質だ。

(4) そもそも「自然」という言葉はどのような意味で使われているのだろう? オーガニック食品は自然なのか(*1)? ほとんどの有機農産物は広い畑で、場合によっては単一栽培を行い、たいていは肥料を使用し、トラクターで収穫される。それが自然と言えるのだろうか?

自然対人工の論争に簡単に白黒をつけることはできない。あらゆる化学物質を避けて自然で採れたものだけに頼るのは愚かな行為だ。私たちが口にするあらゆる物質は、人工か天然かという分類に振り回されることなく、その利点が認められるべきだ。自然のものだからといって良い、安全とは限らない。同様に、自然のものでないからといって必ずしも危険とは限らないのだ。

誤解
19

水は100℃で沸騰し、0℃で凍る

温度を華氏(°F)ではなく摂氏(℃)で測定することは2つの点から理にかなっている。第一に、英語で摂氏(*Celsius*)は華氏(*Fahrenheit*)に比べて綴りが簡単だ。第二に、温度を図で表したときに凝固点と沸点がきれいに収まる。誰でも知っているように、水は0℃(32°F)で凍り、100℃(212°F)で沸騰する。

しかし、本当にそうだろうか? 答えはイエスだ。ただし、極めて特殊な状況下でならという条件がつく。沸点と凝固点は気まぐれだ。これらは高度によって変化する。もっと厳密にいえば、気圧によって変わる。もし、あなたが非常な幸運に恵まれてブルジュ・ハリファ(高さ約828メートルの世界一の高層ビル)の最上階に住居を構えることができたとしたら、パスタをゆでるために沸かすお湯の温度が97℃までしか上がらないことに気がつくだろう。もしエベレストの頂上にキッチンがあったら、わずか70℃でお湯は沸騰する。

高度によって沸点が変わることは、多くの人々が実際に生活する中で経験している。例えば、標高5100メートル前後に位置するペルーのラ・リンコナダには約5万人が暮らしている。この都市でやかんを使ってお湯を沸かすと83℃で沸騰する。200万人が暮らすボリビアの事実上の首都ラパスでは88℃のお湯で紅茶を入れるのが精一杯だ。沸点が低いと料理をするにも困る。チャールズ・ダーウィンはアルゼンチンの高地を旅している間、生煮えのジャガイモへの不満をこぼしていた。現代の高山都市の住民は、高度による影響をなるべく受けずにすむように圧力鍋を使っている。

高度が海面と同程度の場所であっても、水が100℃で沸騰するとは限らない。国際的な定義で標準気圧はパリと同緯度の平均海水面における平均気圧10万1325パスカル(圧力の正式な単位)と定められており、ほとんどの人が使っているやかんはこのような条件下でお湯を沸かすことになる。しかし、実際に気圧がこの通りの数字になっていることはめったにない。海面に近い高度に住んでいれば、水の温度はおおむね100℃にかなり近い温度になるだろうが、きっちり100℃で沸騰することは非常にまれだ。

ここまでは地球の表面に限って話を進めてきたが、今度は宇宙に目を向けてみよう。地球低軌道より外側の宇宙では、環境がまったく異なる。ほとんどの領域は真空に近く、温度はマイナス270℃前後だ。このような場所で液体の水はどうなるのだろう？　これほど温度が低ければ、水は凍るはずだが、圧力はほぼゼロのため、沸点は大幅に下がる。果たして水は凍るのか？　それとも沸騰するのか？　実はその両方だ。宇宙飛行士が何もない宇宙空間に液体の水を放出すると、一瞬のうちに蒸発して気体になり、次の瞬間には凝華(気体が液体を経ずに固体になること)して金色の結晶に変わる。目を凝らしていれば、その美しい変化が見られるはずだ。

沸点を変化させる要因は圧力だけではない。水の純度も沸点を左右する。水道水はミネラル分をはじめとするさまざまな不純物を含んでいる。これらの不純物には沸点を100℃よりやや高い温度まで上げる効果がある。スパゲッティをゆでる鍋に塩を少々加えると、沸騰する温度は1〜2℃ほど高くなる。一方、凍結する温度は不純物があると下がる。冬に冷え込みが厳しくなると、道路に塩がまかれるのはそのためだ。塩分が加わることで、道路の水分は氷点下でも凍らなくなる（道路にまかれる塩、正確には塩分を含む凍結防止剤には、表面を粗くすることでタイヤがすべりにくくなる効果もある）。

だから、水が１００℃で沸騰し、０℃で氷になるというのはあくまで理想的な条件がそろったときの話であり、現実にはめったにそんなことは起こらない。

誤解

20

物質は固体か、液体か、気体の状態で存在する

日常生活で出会うほとんどのものは、固体、液体、気体のどれかに簡単に分類できる。私たちは直感的にこの3つの状態を区別できる。

固体の内部では、原子や分子をぎっしり詰めこんだ規則的な構造が繰り返し並んでいる。そこにわずかばかりの熱を加えてやると、このような構造をまとめている結合が振動を始め、やがて壊れる。氷が水に変わるとき、私たちの目には氷が固さを失いながら溶けていくように見えるが、ミクロの世界では強力な結合が破壊され、分子が自由に動き回れるようになっているのだ。液体中の分子は、隣り合う分子からの引力を受けていることに変わりはないものの、固体のときに比べて互いに及ぼす力は格段に弱くなっている。液体がもっと加熱されると、一部の分子は集団を抜け出すのに十分なエネルギーを手に入れ、蒸発して気体に変わる。気体中の分子は自由に動き回り、隣り合う分子からの引力を受けることはほとんどない。だから、気体の間は通り抜けることができるし、液体はかき分けながら進むことができるが、五体満足で固体の中を通ることは難しい。

私たちは人間にとって過ごしやすい温度と圧力の中で生活しているため、固体でも液体でも気体でもない状態のものを目にすることはない。しかし、物質には第4の状態が存在する。しかも宇宙全体

で見ると、固体・液体・気体の状態にある物質をすべて合わせたよりも多く存在する。それがプラズマだ。

気体を非常な高温まで熱したり、高電圧をかけると原子から電子がはぎ取られて、荷電粒子の薄い雲のようなものができる。これがプラズマで、電離ガスとも呼ばれる（電離とは分子や原子が荷電粒子になることを意味する）。物理的に言えば、プラズマは決まった形を持たないなど気体と共通する点もあるが、荷電粒子で構成されているため、他の性質は気体とはまったく異なる。プラズマは電気が伝わりやすく、磁場によく反応する。また、フィラメント（糸状ガス）を形成することもある。

プラズマは不思議な存在だ。しかし、この物質はみんなが想像するよりずっと身近に存在する。たとえば、プラズマテレビを持っている人は毎日プラズマを眺めていることになるし、ネオンライトを光らせているのも、鋭い雷光を出すのもプラズマだ。透明なガラスの中に希ガスを封じ込め、中心にある電極から放出されたエネルギーが手のひらに向かって触手のように伸びるプラズマボールで遊んでいるときは、プラズマを手で触っているのとほとんど変わらない。

しかし、何よりも私たちが頻繁に出会っているプラズマは太陽だ。太陽を構成する物質のほとんど――これは太陽に限らずすべての恒星について言えることだが――は、水素を構成する陽子と電子が電離したプラズマ状態にある。銀河の間に横たわる巨大な空洞（ボイド）には、恒星内部よりもさらに大量のプラズマが存在している。ここでは、電離した水素が数千光年の距離にわたって宇宙空間を横切る巨大なフィラメントを形成している。

さて、これで私たちは固体、液体、気体、プラズマという物質の4つの状態をいつでも好きなときに観察できることがわかった。しかし、物質の状態はこれですべてではない。物質には他にもさまざまな状態が存在する。ただ、私たちがめったに目にする機会がないというだけの話だ。例えば、ボーズ・アインシュタイン凝縮は、絶対零度に極めて近い温度まで気体を冷却したときに現れる。これは宇宙の平均的な温度よりもずっと低い。そのような極低温状態になると、それまで自由に動き回っていた1個1個の粒子が、まるで全体が1つの超粒子になったかのようにいっせいに同じふるまいをするようになる。よっぽど特殊な居住環境で生活してでもいない限り、ちょっとソファの後ろをのぞいたらボーズ・アインシュタイン凝縮が起こっていたというようなことはまずありえない。ボーズ・アインシュタイン凝縮を観測するには、ノーベル賞級のレーザー装置と優秀な科学者チームをそろえる必要がある。観測が難しくても、ボーズ・アインシュタイン凝縮は立派な物質の状態の一つであり、宇宙の基本法則について多くのことを私たちに教えてくれる。

他にも、クオークグルーオン・プラズマ、超液体、超固体、フォトニック物質、ストレンジ物質(れっきとした専門用語だ)といった、実に多種多様で不可思議な物質状態が次々と登場している。ここまでの話で、宇宙の質量の83パーセントを占めると言われている謎の「ダークマター」と「ダークエネルギー」はまったく出てきていない。これらについては、ほとんど何もわかっていない。ダークマターとダークエネルギーは観測することもできなければ、性質を調べることもできていない。他の物質におよぼす重力効果から存在しているのではないかと考えられているだけだ。

もし宇宙が固体、液体、気体だけでできていると思っているのだとしたら、それは大変な大間違いだ。観測可能な宇宙の99パーセント前後は、プラズマと、いまだ観測されていない、とてつもない量のダークマターおよびダークエネルギーで構成されている。宇宙という規模で見れば、固体、液体、気体はごくまれな存在なのだ。

誤解
21
水は電気をよく通す

「シェフィールドで16才の少年が思いもよらない事故により死亡した。少年の入浴中にそばで別の2人の少年がバスルームのブラインドを修理しており、作業をしていた少年たちが電気スタンドにぶつかってスタンドはコンセントにつながったままの状態で浴槽の中に倒れた。入浴中だった少年は激しい感電に見舞われ、ほぼ即死だったということだ。電気スタンドの電圧は200ボルトだった。」
（1916年2月19日付バーバリー・アンド・イースト・ライディング・レコーダー紙より）

このような悲劇は、水と電気が一緒になったときの危険性をはっきりと物語っている。水に電気を近づけるなというのは、誰もが知っている常識だ。しかし、経験に反するようだが、実際には水は危険な電導体ではない。ただし、それは混じり気のない純水に限る。水道水や海水などには多量の不純物が含まれており、これらの不純物が電気を伝える。不純物を完全に取り除いた純水は、実は電気を通さない絶縁体だ。その理由を知るには、原子の構造について少し復習する必要がある。

電流とは、すなわち荷電粒子の移動だ。銅線はこのような荷電粒子の移動に非常に適している。銅線を構成する銅原子1個の原子核は29個の電子に囲まれているが、そのうち28個は銅の原子核に強く束縛されている。例えるなら縄張りを離れたがらない、固い絆で結ばれた集団の一員のようなものだ。銅原子の中にはそんな集団が3つあり、28個の電子はいずれかの集団に属している。しかし、29番目の電子だけは原子の端っこで集団からはぐれている。原子核から受ける引力も他の電子に比べて弱く、自分の縄張りをすぐに離れて別の銅原子の縄張りに行ってしまうこともある。このように、銅線の内部では多数の「自由な」電子が好き勝手にあちこちの原子の間を動き回っている。そんな銅線に電圧をかけると、自由電子が好き勝手に動き回るのをやめて同じ方向に進み始める。電子はマイナスの電荷を帯びているため、マイナスの電極に反発し、プラスの電極に向かって進む。これがいわゆる電気が流れている状態だ。

電気の流れを生み出すのは電子だけではない。原子から電子を取り除くと、原子はプラスの電気を帯びた状態になる。これはイオンと呼ばれ、こちらも電気を流すことができる。この場合、電流はマイナスの電極に向かって流れることになる。

純水にも微量ながら荷電粒子は含まれる。水の分子から水素イオンが離れ、そのイオンが別の水分子と結合してH_3O^+を形成することがあるためだ（水素を失った最初の水分子はOH^-となる）。つまり水中にいくらかの荷電粒子は存在しているものの、その数が十分でないために良好な電気伝導体とはいいがたい。しかし、ここにわずかばかりの塩を加えると、状況は一変する。水道水にはかなりの量のマグネシウムやカルシウムが溶け込んでおり、帯電した状態で水中をさまよっている。電気を流すには十分な量だ。

水が超純水であれば、電気スタンドと一緒に入浴してもまったく問題はない(*2)。しかし、水道水で同じことをすれば、かなりひどい、おそらくは命にかかわるような電気ショックに襲われることになるだろう。海には塩が溶け込んでいるために大量のナトリウムイオンと塩化物イオンが含まれ、良好な電導体となる。ジョーズ2の巨大ホホジロザメが最後に大変な目にあったのもそのせいだ。

誤解
22

ガラスは液体だ

　知ったかぶりの友人と古い建物の近くを歩き回っているとしよう。相手は古びた窓を指さしながら得意げにこんな説明を始めるに違いない。「見てごらん、ガラスが下の方にいくにつれて厚くなっているだろう？　これはガラスが固体ではなく、液体だからなんだ。この窓は長い間ずっとここにあるから、重力に引っ張られてガラスが下に向かって流れたのさ」。ガラスは固体のように見えるが、その友人が主張するように本当は極めて濃度の高い液体なのだろうか？

　数ある都市伝説の中でも、こいつはなかなかしぶといようだ。ガラスが液体だという説はかなり以前に否定されているが、今でも信じている人は多い。通常の温度ではガラス（＊3）は液体ではないし、数世紀の時間を経てもはっきりそれとわかるほど流れることはない。一部の古い窓ガラスで下の方が分厚くなっているのは、最初からそういう形に作られたことが理由だ。

　中世のガラス職人が現代のガラスのオフィスビルを見たら、度肝を抜かれるに違いない。大都市で生活する私たちは特に何も考えず巨大なビルの前を通り過ぎるし、そんな巨大な建物が乱立していることに疑問を持つことすらない。しかし、13世紀のガラス工にとって、結晶のような形をして崖のように立ちはだかるビルの上空をヘリコプターが飛ぶ景色は得体のしれない面妖な光景に映るだろう。

　当時の技術では、厚みや透明度がばらばらの小さな窓を作るのが精一杯だった。欠陥のあるガラス板を建物に取り付けるには、下に厚みを出して重くすることが理にかなった方法だった。昔ながらの窓が下に行くほど厚みがあるのはそのためだ。

しかし、ガラスが流体だという意見にまったく根拠がないわけでもない。オーストラリアのクイーンズランド大学に行けば、世界で最も長期間にわたって続けられている科学実験を見ることができる。それが、明らかに固体のように見える物質が液体のようにふるまうことを学生に見せるために1927年にトーマス・パーネル教授が始めたピッチ・ドロップ実験だ。試料として使われているタール・ピッチ(天然アスファルト)は非常に粘度が高く、10年に1滴しか落ちてこない。この物質の粘度は水の約2300億倍だと言われている。退屈で無意味な行動を「ペンキが乾くのを眺める」と言うことがあるが、それより上の表現が欲しければ「ピッチが落ちるのを眺める」と言えそうだ。

ピッチはそれほど時間をかけてでも流れるのに、ガラスはどうして流れないのだろう? 構造的に見れば、ガラスは液体に近い。おもちゃで散らかった子供部屋のように、ガラスの原子はでたらめに散らばっている。しかし、原子間の結合が強いため、ガラス原子に動き回る自由はまったくない。その結果、ガラスはアモルファスと呼ばれる物質になり、固体のような状態を維持できるわけだ。アモルファスは固体性が高く、人間の体温程度の温度では何億年待っても液体のように流れることはない。一方、ピッチは巨大分子が複雑に絡み合う構造になっている。極めて粘度が高いために固体のように見えるが、十分な時間(数十年)をかければ分子が1個、また1個と互いの間をすり抜けてゆき、最終的に液体という正体を現すことになるのだ。

誤解
23
原子は小さな太陽系のような姿をしていて、原子核の周囲を電子が回っている

宇宙のあらゆる原子は同じ原理に基づいて成り立っている。原子の中心には原子核と呼ばれる小さな塊がある。この原子核の周囲を、電子と呼ばれる小さな玉が非常に規則正しい軌道を通ってぐるぐる回っている。原子の構造を太陽系になぞらえたくなるのは、もっともだ。高密度の重い原子核は太陽に似ているし、そこに付随する電子は惑星のように思える。

読者も原子の構造をこのように学校で習ったのではないだろうか。太陽と惑星のたとえは、初めて原子構造を学ぶときには確かに役に立つが、結局は誤解を招いている。原子とは、私たちが普段の生活で目にするどんなものともまったく違っているからだ。ミクロの世界の法則は私たちの世界のそれとは異なる。原子を支配するのは量子の法則だ。量子の世界では粒子が突然現れては消える。また、量子は異なる2つの状態に同時に存在することもできる。このような世界を分かりやすく教えようとする先生たちの多くが、太陽系を引き合いに出して周回する球体のように原子をイメージさせようとするのも無理はない。

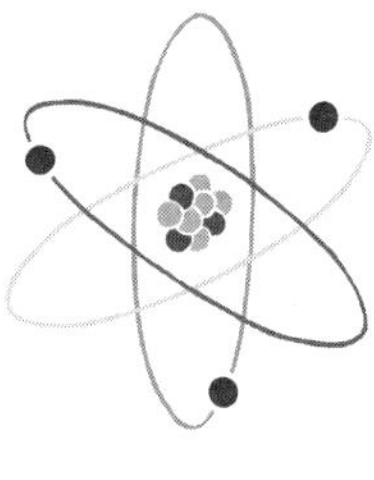

私が昔教わった化学の先生(＊4)の教え方は違っていた。その先生は太陽系という決まりきったイメージは使わず、あきっぽい十代の生徒たちでも興味を持つような少々グロテスクなたとえを持ち出してきた。先生は「指でアオバエをつぶして、そのまま机の表面に塗りつけたところを想像してごらん」と言った。では、このときハエの目はどこにあるか？　ハエの目は机に塗りつけられた死骸のどこかにあるはずだし、何も手がかりがないのなら目がある可能性はどの場所でも等しいはずだ。「つぶされたハエは、ヘリウム原子とよく似ている」と先生は続けた。ヘリウムには2個の電子がある。これらの電子はヘリウム原子の原子核付近のどこかにあるはずだが、正確な位置を指摘することはできない。つまり、電子は確率の球体の表面に塗りつけられているようなものだ。

このような確率の球体を化学者たちはs軌道と呼ぶ。「軌道」という言葉が使われているため、余計に電子は惑星のように原子核の周りをぐるぐる回っていると思われやすいのだろう。しかし、電子が3個以上の原子（つまりヘリウムより重いあらゆる原子）を見れば、そのような誤解はた

3種類のf軌道のおおまかなスケッチ。それぞれの中心には原子核があるが、ここでは描かれていない。惑星の軌道とは似ても似つかないだろう。

ちどころに消える。これらの原子の電子の分布は球状ではなく、ダンベルや花びらのようなおかしな形の領域を占めるようになる。これらはp軌道、d軌道、f軌道と呼ばれる。こんな形の軌道を見て、誰が太陽系を連想するだろう?

例えば、94個の電子で構成されるプルトニウム原子では、たくさんの球や花びらや丸い突起のような形の軌道を電子が占めている。電子は円軌道を周回しているというより、確率の雲となって浮かんでいるという方がイメージとしては近いが、これでもまだ十分に正確だとは言えない。原子内部での電子のふるまいを完全に理解するには、本書で扱える範囲を超えた、かなり複雑な数学を持ち出す必要がある。興味がある読者は、シュレディンガー方程式を勉強していただきたい。

CHAPTER 5

地球で繁栄する生命

生命がどうやって誕生したのかは誰も知らない。

生命がどのように進化して広がっていったのかも

深い謎に包まれている。

だからこそ、生命にまつわる誤解や勘違いが

あちこちに転がっている。

誤解 24

生命の誕生は地球の歴史全体から見ればごく最近の出来事だ

素粒子物理学者で、テレビの科学番組の司会を務めることもあるブライアン・コックスは、宇宙の不思議を語るときに「数百万（millions）」「数十億（billions）」を連発しすぎると、からかわれることが多い。しかし、このことでコックス教授にけちをつけるのはあまり公平とは言えない。時空の果てしなさを表現するときに、途方もない数字を避けて通ることはとても難しいからだ。同じことは私たちの惑星、地球にも当てはまる。かなり信頼性が高いと思われる有力な証拠によれば、地球は誕生してから45億4000万年が経過している。言い換えれば、嫌になるほど長い時間が経っている。

ところで、テレビ番組や科学系の読み物などでは人間は地球の歴史においてごく最近になって登場した新参者だという表現が非常に多い。地球がこれまでたどってきた、とてつもない時間の長さ――それこそ数百万年、数十億年という年月――を人間が直観的に理解するのは難しい。そこで、わかりやすいたとえが持ち込まれる。よく使われるのは、これまでの地球の歴史を1日、つまり24時間にたとえる方法だ。地球が午前0時に誕生し、現在はそれから24時間が経過した丸1日後だと考える。このたとえによれば、哺乳類が登場したのは1日の終わりが近づいた午後11時39分頃になる。原人が姿を現したのは日付が変わるわずか1分前、私たち現生人類が存在しているのは最後の1～2秒だ。

地質年代に比べれば人類の歴史はいかにもちっぽけだが、それが生命全般に当てはまると決めつけるのは早計だ。現在では、15億年前にはすでに複雑な単細胞生物が存在していたことが化石から分かっている。先ほどの24時間のたとえを使うなら、午後4時頃だ。しかも、これらの生物でさえ、比較的新しい生物だと考えられている。化学的な生命の痕跡はもっと古い年代の岩からも発見されているからだ。

最近見つかった証拠からは、地球でまだ火山活動が活発だった41億年前まで、生命の誕生がさかのぼる可能性も出てきた(＊1)。２０１５年に、この年代の地層から見つかった小さな結晶に含まれる重炭素原子と軽炭素原子の量を測定する研究を行ったところ、測定結果から得られた比率はまるでもっと新しい年代で見つかったような、生命の気配が感じられるものだった。結論を確定させるにはさらなる調査が必要だが、もしこれが本当なら、地球が誕生してから9割の期間は生命が存在していたことになる。地球の生命がこれほど初期から存在したのなら、宇宙のどこかで生命体を発見できるかもしれないという期待も高まろうというものだ。

誤解

25

生命はすべて太陽に頼って生きている

「太陽は神だ」。英国の有名な風景画家J・M・W・ターナーは死の間際にこう言い残した。ある意味では、彼の言葉に誰もが賛同するかもしれない。太陽系の中心に鎮座するこの恒星は、地球のすべての生命にとって欠かせない存在だ。少なくとも、最近まではそのように考えられていた。

これまでずっと、地球上で生きるすべてのもののエネルギー源は太陽だと思われてきた。植物や一部の微生物は日光を浴びることで直接太陽の恵みを受けている。植物は光合成により太陽から降り注ぐ光を化学エネルギーに変える。動物にはそんな芸当が可能な分子メカニズムが備わっていないが、大変な仕事は植物に任せ、その植物を食べることでエネルギーを得る。レタスが苦手な肉食動物は植物には近づかないが、その代わりに草食動物を食べる。太陽の光がまったく届かない深海に住む生き物でさえ、太陽に端を発する食物連鎖に組み込まれている。深い海の底にいる生物は、上の方から沈んでくるマリンスノーと呼ばれる海中の懸濁物質を食糧にしている。最終的には太陽から生きる糧を得ているわけだ。

だが1977年に衝撃の大発見があった。この年、ガラパゴス諸島沖の海嶺で潜水調査艇アルビン号(*2)が調査を行った。その目的は、存在する可能性が指摘されていたものの、実際には一度も確認されていなかった熱水噴出孔を探すことだった。熱水噴出孔は、海底の岩にしみ込んだ水が高温のマグマに出会い、高圧の熱水となって岩を突き抜け、海底の間欠泉から噴き出す現象だ。アルビン号のダイバーはこのような熱水噴出孔だけでなく、ブラックスモーカーと呼ばれる煙突状の噴出口も見つけた。ブラックスモーカーは、鉛が溶けるほどの高温（最高340℃）の熱水が氷点に近い低温の海底にぶつかって亜硫酸塩などの鉱物の粒子が結晶化し、背の高い煙突のような姿に成長したものだ。

しかし、私たちを最も驚かせたのは、ブラックスモーカーに大量の生物が住み着いていたことだ。その大半は、それまで科学者たちさえ知らなかった生き物だった。ブラックスモーカーを発見したダイバーたちは、チューブワーム（ハオリムシ）やカニ、巻貝、エビ、魚やタコまで目撃した。これらの生き物はすべて、想像を絶する厳しい環境に生息していた。人間から見れば、ここはさながら海底の地獄だ。非常に高い水圧、酸性度の高い水質、ほとんどの生物にとって有害な化学物質だらけで、黒い煙突の中に入ればわずか数センチメートル移動するだけで温度が数百℃も激変する。しかし、そんな環境にもかかわらず、周辺の海底よりもはるかに多様な生物がそこではしっかりと育っている。

この生態系を支え、熱水噴出孔の周りをじゅうたんのように覆うのが、嫌気性の細菌（バクテリア）だ。海底の煙突の化学物質で必要なすべてのエネルギーをまかない、特に硫化水素を好む（硫化水素は卵が腐ったような臭いがする物質だ）。このような過程は化学合成と呼ばれ、光合成に代わるエネルギー源となっている。明日、太陽が消滅したとしても、これらの小さな生物たちは変わらず成長し続けるだろう。熱水噴出孔にいるやや大型の動物たちは、地上の動物が植物や藻類を食べるように、バクテリアのじゅうたんを食べる。ただし、これらの生物は食物に関しては太陽の力を借りることはないが、生きていくためには地上の植物の光合成によって作り出される酸素を必要とする。つまり、まったく太陽に頼らず生きていけるのは嫌気性細菌しかいない。熱水噴出孔に生息する嫌気性細菌にとっては、地球の核こそが神だということになる。

この発見はそれだけでもすごいが、そこから示唆される可能性にも注目したい。どう考えても生きていけそうにない厳しい環境に生物がいたということは、太陽系のどこかで生命体を発見できる期待が高まったと言える。現在では、多くの科学者たちが地球最初の生命は熱水噴出孔で誕生したのではないかと考えている。化学合成バクテリアの立場から見ると、数十億年をかけて進化し、太陽の光や酸素という不快な厳しい環境で生きていけるようになったのが私たちだと言えよう。

誤解 26

最初に海から上陸した動物は魚だった

トビハゼという魚を見たことがあるだろうか？　カエルと魚の中間のような変わった外見で、目は飛び出し、体はつやのある皮膚に覆われている。トビハゼという名前に違わず、前ビレを足のように使って海辺の泥や砂の中で跳びはねている様子を見かけることも多い。トビハゼは正真正銘、100パーセント魚であるにもかかわらず、1日の4分の3の時間を水の外で過ごしている。木にまで登るというからすごい。

トビハゼのような生物は、人間を含むあらゆる4本足の脊椎《せきつい》動物の祖先だと考えられている。どこかの時点で、特に根性のあるやつが地面の上での生活に挑戦し、短期間なら陸上で生きていける術を身につけていったのだろう。そうこうするうちに、やがて陸上で過ごす時間が長くなる。エラは徐々に肺呼吸ができるように進化し、最初の両生類が生まれ、爬虫類、鳥類、そして哺乳類の誕生へとつながる。

2004年、そのような生物の保存状態のよい化石が初めてカナダで見つかった。ティクターリクと名づけられたその魚は、3億7500万年前には世界中の海に生息していたようだ。たぶん丸い突起のようなヒレを使って浅瀬をはい回ったり、おそらくはしばらく陸地に上がったりもしていたのだろう。ティクターリクも魚でありながら、後の時代の4本足の動物が持つ特徴を数多く備えている。ティクターリクが現存する生物種の直接の祖先であるかどうかはわからないが、この近縁種から四足動物が誕生した可能性は高い。そのため、この動物は海と陸の生物を結ぶいわゆる「ミッシングリンク」だと誤解されやすい。確かに、発見された化石からは水中で生きる魚と陸に上がった動物の中間とも言えそうな生物の姿を垣間見ることができる。

しかし、ティクターリクの仲間は海から陸に上がった最初の動物ではない。ティクターリクが登場した頃には、すでに陸地は生物であふれていた。一番古い生物の痕跡は節足動物が歩いたような跡で、5億年前にさかのぼる。これよりもっと前の時代になると、オゾン層がまだ形成されておらず、海の外に出た生物はまともに紫外線を浴びることになった。ごく初期の節足動物がいた頃の地上は、何もない荒れ果てた土地だったはずだ。ところどころで藻を見かけることはあったかもしれないが、地上植物はまだ誕生していなかった。

これまでに見つかっている最古の動物の化石は、ニューモデスムス・ニューマニと呼ばれるヤスデの仲間で、4億2800万年前の泥にさざ波のような跡として残っている。この生物については、2004年にスコットランドの海岸でバスの運転手マイク・ニューマンが発見した1個の化石以外は今のところ知る手立てがない。この化石には、水の外に出たときにだけ機能する小さな呼吸孔がある。

そのような早い時期から陸地には多種多様な生物が繁栄し、ごく初期の昆虫もいた。はい回るようになった魚たちが初めて陸に上がったときには、すでに大勢の仲間たちがそこにいたに違いない。

誤解
27

恐竜を絶滅させた隕石は史上最大の大量絶滅を引き起こした

もしタイムマシーンを使えるチャンスに巡り合ったなら、行き先のダイヤルを6600万年前に合わせるのはやめた方がいい。行ってもろくなことがないからだ。当時の地球には未曽有の災難が降りかかり、ほとんどの大型動物が死滅した。

パリの街と同じくらいの岩石――もちろんそこにはおしゃれな大通りもオープンカフェもない――が空から降ってきたところを想像してほしい。しかも、それが時速10万8000キロメートルで地球に突っ込んでくるのだ。もしもその時代のメキシコ湾に誰かが居合わせたとしたら、間違いなくその場で命を落としただろう。衝突によってできたクレーターの幅は177キロメートル、深さは19・3キロメートルに達した。言うまでもなく、地球の同じ側にいたすべての生物にとってこれほどひどい日はなかったはずだ。

実際のところ、衝突の余波は地震や火山の噴火という形で全地球に及んだ。恐ろしい負の連鎖はさらに続き、舞い上がったちりが雲のように空を覆い隠して太陽がさえぎられ、酸性雨が降ったせいで、その後何年にもわたって植物はまともに育たなかった。このときに動植物のおよそ4分の3が姿を消したと言われている。食物連鎖は完全に崩壊し、ほとんどの恐竜を含む大型動物が生き残れる望みはないに等しかった。この出来事の影響は極めて大きく、一つの地質年代が終わるきっかけにもなった。中世代はここで終わりを告げ、新生代が始まった。爬《は》虫類の時代が終わり、哺乳類の時代に突入したと言ってもいいかもしれない。

現在では、このような大量絶滅が起こった原因は現在のメキシコ・ユカタン半島周辺に衝突した落下物（おそらく小惑星）であることがほぼ確実視されている。６６００万年間の侵食と埋積作用により、クレーターのほとんどの痕跡は消えてしまったが、重力マッピングのような物理探査技術を用いれば、クレーターの名残りをとどめたカーブが確認できる。衝突の時期は、最後の恐竜の化石が残された時代ともぴたりと一致する。大量絶滅の原因に関しては、複数回の隕石衝突があった可能性を含めて諸説あるが、少なくとも時期については間違いないと考えてよさそうだ。最近の研究では、空から決定的な一撃がやってくる５０００万年ほど前から恐竜が減り続けていた可能性が指摘されている。

恐竜や同時代の生物たちの身に何が起こったにしろ、このときの大量絶滅は2億５２００万年前のペルム紀／三畳紀の大絶滅に比べればハエたたきの一発程度にすぎない。ペルム紀末に起こった大絶滅は史上最大規模の絶滅とされ、特に海の生き物は甚大な被害をこうむった。このときには海洋生物の種の96パーセントが絶滅したと推定されている。地上では脊椎《せきつい》動物の70パーセントが死に絶えた。地球を襲った災害としては最悪の規模だったが、その原因が何だったのかはまったくわかっていない。あまりにも時代が古く、すでに証拠がすっかり消滅しているからだ。別の小惑星が衝突したというのも可能性の一つだ(地球上には他にもいくつかの大規模クレーターがあることが知られている)。

その場合は、火山活動が非常に活発になって温室効果がどんどん強くなり、酸素濃度が低下して、おそらくは他にもさまざまな環境の変化が起こったはずだ。

実は地球は何度も大量絶滅に見舞われている。4億5000万年前にも何らかの大災害によって生物種の70パーセントが絶滅した。大量絶滅の憂き目にあった恐竜たちも、2億年ほど前に発生した別の大絶滅の恩恵を受けている。そのような大絶滅があったために競争相手になりそうな生物種の多くが死滅し、時代は三畳紀からジュラ紀に移っていった。「大量絶滅」にはっきりした定義はなく、小規模な絶滅も含めればかなりの回数が発生しているが、特に規模の大きかった5回の大絶滅は「ビッグファイブ」と呼ばれる。恐竜を絶滅に追いやった大量絶滅は一番最近の「ビッグファイブ」だが、規模が最大だったというわけではない。

科学者たちの間では、現在は完新世絶滅と呼ばれる6回目の大絶滅が進行していると主張する声も上がっている。いくつかの調査により、現在は1900年以前のおよそ1000倍のペースで生物種が絶滅しつつあると推定される。そのほとんどは人間の活動が招いた絶滅だ。ある調査によれば、植物、サンゴ、昆虫などをはじめとする14万種の生物が毎年地球上から姿を消しているという。つまり、1日に400種近く、名前もつけきれないほどたくさんの生物が絶滅しているわけだ。このような絶滅種の急激な増加に加え、汚染、生息地の減少やその他の人為的な影響といった状況を踏まえて、多くの科学者やコメンテーターがすでに私たちは新たな地質年代、人新世に突入したと主張している。

誤解 28

進化は何千年ものの時間をかけてゆっくり進行する

私たち人間は、類人猿の先祖から非常に長い時間をかけて現在のような姿に進化した。人類がチンパンジーから（正確に言えば、後に現在のチンパンジーに進化する種から）枝分かれしたのは、1300万年前頃のことだ。同じように、農家の庭先で飼われているニワトリは大昔に羽毛を生やした恐竜の祖先から分かれて進化した。進化について考えるとき、私たちは誰が見てもわかるような大型動物の進化をイメージしがちだ。しかし、ほとんどの進化は小さな規模で、ごく短期間のうちに進行する。

自然選択による進化は、世代交代のたびにわずかな変化をもたらす。例えば、湖で汚染に苦しめられているカエルについて考えてみよう。オタマジャクシのほとんどは汚染が原因で死んでしまうが、そのような環境に順応できる何らかの特徴（タンパク質の変異のおかげでより多くの酸素を取り込める、汚染を感知する受容体の反応性が高いなど）を偶然に備えた数匹は生き残るだろう。やがて生き延びたオタマジャクシはカエルに成長し、彼らから生まれた子供たちは同じ長所を引き継いで、さらに子孫に伝える。やがてカエルの群れ全体がこの長所を身に着け、汚染に強くなっていく。これが自然選択だ。

見た目が変化するには非常に長い時間がかかる。先ほどのカエルの例は数世代の進化であり、かかる時間はせいぜい数年だ。目に見えないようなたんぱく質レベルのごくわずかなマイナーチェンジにすぎない。もっとはっきりした変化が現れるには、数千回の世代交代が必要とされることもある。

つまり、より大型の動物では進化に永遠とも思えるほどの時間がかかる場合もあるのだ。ここで細菌について考えてみよう。細菌はカエルよりもはるかに短い時間で増殖する。1個の細菌は10分程度の時間で2個に増える。さらに10分経つと、この2個がまたそれぞれ2個に分かれる。1個の細菌が1時間後には64個に増え、数時間後には数十億個に達する。要するに、細菌が新しい環境に適応するための変異を起こす様子を観察するのに、長い時間を待つ必要はない。

あるいは新薬について考えよう。抗生物質に耐性を持つ細菌の登場は、現代の深刻な問題だ。医療現場で使われる薬はどんどん効かなくなってきている。最強の抗生物質の攻撃から身をかわす方法を細菌が身に着けているからだ。このまま抗生物質の威力が低下し続ければ、指を切っただけでも命に関わりかねない。外科手術や出産には再び大きなリスクが伴うようになる。このような脅威を生み出すのは、細菌のスピーディな進化だ。

抗生物質は効果が高く、ターゲットにしている細菌のほとんどを殺すことができる。しかし、すべての細菌がまったく同じ構造を持つわけではない。1個1個の細菌のDNAではランダムな変異が起こっている。変異は複製の過程でもたらされることもあるし、紫外線などの外的な影響によって生じることもある。ほとんどの変異は何の変化も起こさないが、ごくまれにDNAでうまい組み合わせの変異が起こり、薬の効き目を阻害するような細胞内機構を細菌が獲得することがある。これが薬剤耐性を持つ細菌になる。

1個の細菌がこのようにうまい具合の変異を起こす可能性は限りなくゼロに近い。だが、相手は数十億個の細菌だ。薬剤耐性を獲得するようなDNAは、遅かれ早かれ確実に出現する。数日間抗生物質を服用してほぼすべての細菌が死滅しても、このような幸運に恵まれた細菌は生き残ることができるだろう。そして数時間後には、生き残った細菌が数十億個に増殖している。こうなると、宿主となっている人間が細菌をやっつけることはできない。適切な隔離措置を講じなければ、薬剤耐性を持つ細菌の感染が広がり、流行が起こる。恐ろしいことだが、十分にありえる事態だ。これもまた、速いスピードで進化が起こる一例(*3)だと言えるだろう。

誤解 29

車輪を持つ生物はいない

地球の生物はさまざまな方法を使って移動する。例えば、体をくねくねと滑らせて進むものもいれば、ちょこちょこ走ったり、地面をはい回ったり、歩くものもいる。跳びはねるもの、駆け回るもの、踊るものまでいる。しかし、転がりながら移動するものはいない。回転しながら進む車輪は人間が独自に生み出した技術だ。車輪がなければ、私たちは自分よりも重いものを移動させることはできなかっただろう。しかし、自然界で進化により生まれた車輪を見かけることはない。キャスターがついたガゼルや、キャタピラーで前進するバイソンを見た人はいないはずだ。数百万年にわたる進化の過程で私たちは目や脳を手に入れたが、なぜ車輪を持つ動物はいないのだろう？

自然界でも車輪のような構造を見かけることがないわけではない。ただ、そのような生き物を間近で観察する機会がめったにないというだけだ。実際には、車輪のような構造を使うことは地球上の生物の移動手段として最もありふれた方法の一つになっている。細菌の多く、おそらく半分程度には鞭《べん》毛《もう》と呼ばれるしっぽのようなものが生えている。特殊なたんぱく質でできた鞭毛は、細胞膜に根元が固定された状態でぐるぐる回転し、競艇用ボートで使われる着脱式エンジンのように細菌を前進させる推進力を生み出す。細菌に近いが細菌とは異なる生物系統の古細菌も、独自の進化により似たような仕組みを獲得している。それ以外にも数は多くないが、ＡＴＰ合成酵素や、特定の二枚貝や腹足類（カタツムリやナメクジの仲間）が持つ棒のような形をした晶桿体のように、形こそ車輪とは違っていても回転を利用する生体システムが存在する。

それでもまだ疑問は残る。大型動物に車輪を持つものがいないのはなぜか？　もしかすると、小さな変化を積み重ねるという進化の過程そのものが一つの足かせになっているのかもしれない。例えば、眼球が現在のような形に進化した理由を推察するのは難しくない。古代生物の中には、一部の細胞を光を感知できるように発達させたものが現れた。このような能力は、近づいて来る捕食者から身を守るのに有利に働く。何百万年も経つうちに、光を知覚する細胞の数が増え、多様化が進んで、目のような器官が備わる。一方、車輪は役に立つこともあるが、不利に働くこともある。特に初期段階の車輪を備えた生物が移動に際してどんな得をするかと聞かれても、すぐには思いつかない（＊4）。さらに言えば、完璧な車輪がついていたところで、どれほど役に立つだろう？　平坦で固い地面なら車輪は大活躍するが、地球の地面のほとんどはでこぼこだったり、草木が密集していたり、とても通ることのできないような砂漠地帯だったりする。ちょっと考えればわかることだ。もし人間に手足の代わりに車輪がついていたら、どうやって崖や木を登ればいいというのか。足よりも車輪の方が有利な環境は限られている。足は車輪に比べて用途が広い。

最後の難関は、生物学的な問題だ。肉と骨からできている車軸と車輪を想像しよう。きっと肉の四輪車のようになることだろう。そのような肉体の持ち主が擦れ合いや感染症に悩まされずにすむとは到底思えない。たとえ潤滑剤のようなものを体で作り出せるようになったとしても、別の問題がある。動きの激しい体の部位には太い血管で十分な血液を送る必要がある。しかし、どうすれば神経や血管などがもつれる心配をせずに車輪を回せるというのだろう？　もちろん、私たちの想像力が不足しているだけなのかもしれない。ひまで興味がある読者は解決策を考えてみてほしい。1時間か2時間ぐらい考えれば、何らかの良策を思いつくかもしれない。例えば、昆虫あたりにヒントがありそうだ。

　実際には車輪を持ち合わせていなくても、車輪の動きに似た行動をとる動物はいる。例えば、フンコロガシは集めたフンの塊を転がしながら進む。ハリネズミやアルマジロ、センザンコウなどの仲間は危険を感じると体を丸め、少しの距離ならそのまま転がって逃げようとする。車輪を備えた大型動物はいないが、生命の輪の合間に似たようなものが現れている。

誤解

30

人類は進化の頂点にいる

人類の祖先はどんな姿をしていたのだろうか。

下のイラストのように、サルに近い姿から石のナイフを手にした狩人へと変わっていく進化は、もはやパロディのネタにされるほど常識化している。サル↓類人猿↓石器人の図式には、最後が背中を丸めてキーボードやスマートフォンに向かう現代人で終わっているバージョンもある。まるで「進化はとうとうこのような高みにまで行き着いたのです」とでも言っているようだ。

しかし「人間が進化の頂点にいる」というのは誤った考えであり、一般向けの科学本でもその誤りがたびたび指摘されている。人類は多く

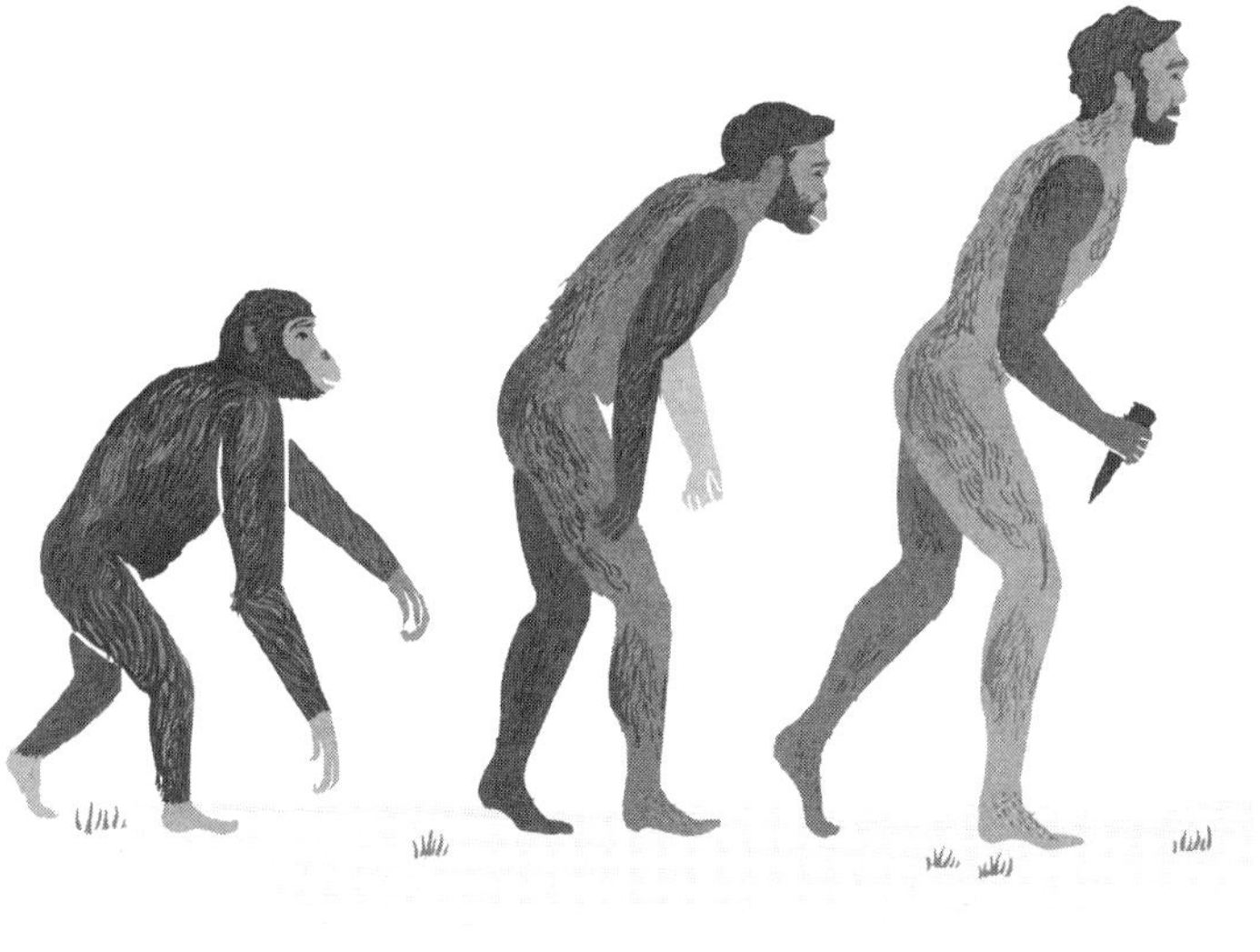

の面で卓越している生物種だ。月に行くロケットを組み立てるカタツムリはいないし、連絡手段にメールを使うアナグマもいない。だが、ちょっと見方を変えてみよう。私たちが頂点だと思っているのは、人間の視点に過ぎない。カタツムリは宇宙探査計画を立てることはできなくても、石にくっついたり、水中で呼吸することにかけては人間よりもはるかに優れている。カタツムリが生息する半水生の環境では、彼らの方が私たちよりも頂点に近い生物種だと言える。アリクイと人間がシロアリ塚に閉じ込められたとしたらどうだろう? 一方は喜ぶが、もう一方は悲鳴を上げるはずだ。

何を優位とするかは、成功の定義によっても変わる。個体数の多さも一つの基準になるかもしれない。結局のところ、あらゆる生物に共通する最大の目的は、子孫を増やしてDNAを次世代に伝えることだからだ。この基準に従えば、人間が置かれている状況は実にみじめだ。現在、地球には70億人前後の人間がいる。地球上のすべてのアリの数が確認されたことはないが、おそらく兆の単位に達すると思われる。例えばアルゼンチンアリは数十億の個体が生息する超巨大コロニーを作る。

しかし、これはほんの手始めにすぎない。細菌に目を向ければ個体数は途方もなく膨れ上がる。あらゆる細菌を合わせた合計は5,000,000,000,000,000,000,000,000,000,000個程度と推定される。特定の細菌種だけでも、人間の数の数百万倍に達する。あなたの左の鼻の穴の中だけでも、これまで地球上に存在した人間の総数を上回るほどの数の生物がいる。アリや細菌に比べれば、人間の存在などはなはだお粗末で、その数は無に等しい。頂点はいずこやらだ。

成功のもう一つの指標は種が生きながらえてきた歴史の長さだろう。愛に満ちた私たちの地球には、危険も満ち満ちている。長い期間にわたって変化しないまま、絶滅せずに生き残った生物種にはそれなりの長所があるはずだ。しかし、ここでもホモ・サピエンスは不利な立場に立たされている。

現生人類が地球上に現れたのはわずか20万年ほど前のことだが、クロコダイルは５０００万年前から地上を闊歩していた。細菌の一種、藍藻(シアノバクテリア)が形成した岩石に似たコロニー、ストロマトライトは10億年前の姿をとどめている。人間など赤子のようなものだ。

個体としての寿命が人間の種としての寿命を上回る生物もいる。２００９年、微生物学者のラウル・カノは２５００～４５００万年前の酵母を使ったエール(ビールの一種)の醸造に成功したとして新聞の見出しを飾った。これらの微生物は古い琥珀《こはく》のかたまりから抽出された。ジュラシックパークのような話だが、幸いなことにかぎ爪で襲われる心配はなく、人間が被害をこうむるとすればせいぜい二日酔いになる程度だ。酵母は休眠状態のまま、氷河期もプレートテクトニクスも人間による文明化の時代も乗り越えてきた。そしてカノの醸造タンクで息を吹き返した酵母は、糖分をアルコールに変えて私たちを酔わせる。聞くところによれば、この酵母で作られたビールはクローブ(丁子)のような風味があり、スパイシーな味がするという。

人間が進化の頂点にいるという考えは、主観的な意見にすぎない。私たちは非常に高度に発達した脳と、他の生物にはできないような形で環境をコントロールする力を持つ。だが、見方を変えれば、人間はカタツムリや細菌やビールの酵母にすら及ばない生き物なのだ。

誤解 31

人間の学名はホモ・サピエンス

熱心な造園家なら、育てている植物に風変りなラテン語の学名がついていることを知っているだろう。例えば、ヘザー（ギョリュウモドキ）にはカルーナ・ブルガリス（*Calluna vulgaris*）、セイヨウヒイラギにはイレクス・アクフォリウム（*Ilex aquifolium*）という堅苦しい名前がついている。このような命名は二名法と呼ばれる。人間が発見したすべての植物には、属名と種小名（種の特徴を表す言葉）をつないだ名前がつけられている。例を挙げると、クエルクス・ローバー（*Quercus robur*）という学名を持つヨーロッパナラは、コナラ属（*Quercus*）の一種だ。コナラ属は総称してオークと呼ばれ、どんぐりを実らせる木として知られる。トルコカシ（*Quercus cerris*）やセイヨウヒイラギガシ（*Quercus ilex*）をはじめとして、オークの仲間は600種類ほど存在する。

二名法を最初に提唱したのは1735年のカール・リンネウス（カール・フォン・リンネ）だった。リンネは二名法(＊5)を植物だけでなく、動物や鉱物にも当てはめていた（「動物、野菜、鉱物（*Animal, Vegetable, Mineral*）」という言葉遊びゲームがあるが、これはリンネの分類法が元になって生まれた）。リンネは人間にホモ・サピエンスという名前をつけ、それが現在まで伝わっている。ホモ・サピエンスとは、おこがましいようだが「賢い人間」「思考する人間」という意味だ。

しかし、ここには誤解されがちな事実がある。人間の学名は実はホモ・サピエンスではない。これは私たち現生人類という一つの種だけに使われる学名だ。この二つは同義語のように用いられることが多いが、それは自分たちを人間と呼ぶ他の種に私たちが出会ったことがないからだ。しかし、人間はホモ・サピエンスが現れるはるか昔からこの地上に暮らしてきた。

どういうことか、わかってもらえただろうか？　少し補足しよう。大昔の「猿人」の祖先を描いたイラストは誰でも見たことがあるだろう。猿人と私たちの外見には多くの共通点がある。体毛の量が多く、姿勢はやや前かがみ、サルのような顔つきで、スマートフォンの代わりに石槍を手にしているが、それ以外の点では非常に人間と似通っている。実際に、彼らの多くは人間だった。人間とは現生人類だけを指す言葉ではなく、過去の時代を生きたヒト属（*Homo*）の二足歩行動物の多くがこう呼ばれる。すでに絶滅した私たちの先祖にあたるホモ・ハビリス（*Homo habilis*）やネアンデルタール人（*Homo neanderthalensis*）、ホモ・エレクトス（*Homo erectus*）などはすべてヒト属（*Homo*）、つまり人間に該当すると考えられる。ヨーロッパナラ（*Quercus robur*）、トルコカシ（*Quercus cerris*）、セイヨウヒイラギガシ（*Quercus ilex*）がすべてオークの仲間であるのと同じことだ。

現代の私たちと同じような外見のホモ・サピエンスが登場したのはおよそ20万年前。芸術や宗教の痕跡は5万年前頃から現れる。そのため、これ以降の人間は「現生人類」または「ホモ・サピエンス・サピエンス」などと呼ばれることが多い。一方で人間、つまりヒト属の起源はもっと昔にまでさかのぼることができる。ヒト属最古の種として知られるホモ・ハビリスが現れたのは300万年ほど前だ。ハビリス種は100万年以上も地上にいた。現生人類が登場してから現在までよりもはるかに長い時間だ。ヒトという種の歴史の中では、現生人類はどちらかといえばマイナーな存在なのだ。

ビッグフットのようなでっち上げを除けば、現在残っているヒトは私たちの他にいない。しかし、かつてはずんぐりしたネアンデルタール人や身長1メートルの小人たちと共存していた時代もあったようだ。わずか数千年前まで別種の人間が存在していたとする意見もある。ネアンデルタール人が絶滅したのは4万年前頃だと考えられている。ネアンデルタール人は、私たちと同じホモ・サピエンスに属する先祖と争い、戦い、共に寝た(次のセクションを参照)。インドネシアで発見された小人のようなホモ・フローレシエンシスは、およそ1万2000年前まで生きていたと考えられていたが、最近見つかった新たな証拠により絶滅は5万年ほど前だった可能性が高いことがわかった。「人間」という言葉をホモ・サピエンスだけに当てはめるということは、それで気分を害しそうな相手がすでにいなくなっているにしても、人種差別に等しい行為だ。

ここで、ホモ・サピエンスという言葉の意味するところをはっきりさせておこう。まずは、スペルが正しいかどうかを見ていく。「サピエンス(*sapiens*)」は複数形のように見えるため、一つの種を表すにはホモ・サピエン(*Homo sapien*)が正解ではないかと言いたくなる。しかしこれは間違いで、「サピエンス」は先ほども説明した通り「賢い」という意味の形容詞だ。末尾の「s」は複数形を意味するものではなく、サピエンという言葉は存在しない。ホモ・サピエンスが私たちの種だけを表す言葉であっても、何ら問題はないわけだ。一匹のイヌ(*Canis familiaris*)にしろ、一人の人間(*Homo sapiens*)にしろ、末尾の「s」は気にせずに単数形で扱って構わない。他にも、学名では属名と種小名をイタリック体で書くという慣例がある。属名は最初の文字を大文字にするが(*Homo*、*Quercus*)、種小名はすべて小文字で統一する(*sapiens, robur*)のも決まりの一つだ。属名はドットをつければ省略できる(*H. sapiens, Q. Robur*)。一応の決まりはあるものの、その通りになっていない場合も少なくない。

最後に、もう一度リンネの話に戻ろう。スウェーデンの植物学者だった彼は、人間という種に学名をつけただけではなく、典型的な現代人となった。どういうことだろうか？　あらゆる種には、その種の基準となる「タイプ標本」が指定されている。タイプ標本はその種の代表的な個体とされ、正式な基準として認められる。そして、リンネは現生人類のタイプ標本になったのだ。しかし、他の多くのタイプ標本とは異なり、リンネの遺体は博物館や保管所ではなく、スウェーデンにあるウプサラ大聖堂の墓に納められている。

誤解

32 現生人類はネアンデルタール人の子孫だ

あらゆる人類の中でも、ネアンデルタール人は特に強く私たちの想像力をかきたてる。彼らは毛深い体、濃い眉、大きな鼻という独特の風貌を持つ。動作の鈍い人や、ぶつぶつ不満を口にする人を表すときに「ネアンデルタール」という言葉が使われることもある。しかし、前項で述べたように、ネアンデルタール人はかつて地上を闊歩《かっぽ》していた数多くの人種の一つにすぎない。

サルに近い姿の原始人がそのまま二本足でまっすぐ立つ狩人に進化し、現代のオフィスワーカーになるというありがちな構図のせいか、私たち現生人類はネアンデルタール人の直系の子孫にあたると誤解されていることが多い。これは、現代のゾウがマンモスの子孫だと言うのに少し似ているが、現生人類はネアンデルタール人の子孫ではないし、ゾウはマンモスの子孫ではない。しかし、ネアンデルタール人と現生人類はかつて共存していた時期がある。ネアンデルタール人と現生人類の共通祖先は、おそらく40万〜70万年ほど前のアフリカにいたと考えられている。

だが、話はここで終わらない。最近になって、現生人類のゲノムは完全に純粋ではないことがわかった。アフリカ起源でないゲノムの2〜4パーセント(人によって違う)がネアンデルタール人のDNAと一致した。結論は一つしかない。現生人類とネアンデルタール人の間では混血が起きていたのだ。ネアンデルタール人は4万年ほど前に絶滅しているが、彼らの特徴の一部は私たちの細胞の中で今も息づいている。

この発見以降も、ネアンデルタール人に由来するDNA配列は多数見つかっている。研究はまだ始まったばかりだが、白い肌、そばかす、うつ、Ⅱ型糖尿病のリスクが高まるなどの遺伝的要因はすべてネアンデルタール人の遺伝子に由来していることがわかった。ネアンデルタール人のゲノムの40パーセントが現生人類のゲノムのあちこちに断片的に入り込んでいるとする説もある。ある意味では、このセクションのタイトルは正しい。私たちはネアンデルタール人の直系の子孫とは言えなくても、彼らから多くのものを受け継いでいる。

ところでネアンデルタール人は頭が悪いというイメージがあるようだが、これもかなり疑わしい。彼らは料理や病気の治療に関する基本的な知識を持っていた。また、洞窟の天井から垂れる水滴が析出した石筍《せきじゅん》と呼ばれる物質を使って指輪を彫ったりもしていたようだ。つまり、ネアンデルタール人にはシンボルという概念があり、もしかすると芸術作品を生み出す能力も備わっていたかもしれない。

自由奔放な私たちの祖先は、ネアンデルタール人との結婚をためらわなかった。あまり有名ではないが、人類の別系統に属するデニソワ人も私たちの祖先と交配していた。私たちのゲノムにはデニソワ人の痕跡も残っており、特に東南アジアの人々にはその傾向が顕著だ。念のために言えば、デニソワ人とネアンデルタール人も交配しており、石器時代のメロドロマとでも呼ぶべき恋の三角関係が出来上がっていた可能性もある。本当にそんなドラマを作っても面白いかもしれない。

COLUMN

科学の世界の誤った名称と間違った引用

科学用語や定義をめぐる議論は、科学の世界では日常的に交わされている。門外漢でも理解できそうないくつかの例を紹介しよう。

アルミニウム（aluminium/aluminum）：アルミニウムにはaluminium（アルミニウム）とaluminum（アルミナム）の2通りの表記があるが、北米以外の地域では主にaluminiumが使われており、米国やカナダの人々は2番目の「i」をなくしたaluminumにすべきだと主張する。しかし、この米国式のスペルはそもそも英国が発祥だ。

化学者のハンフリー・デービーはアルミニウムを単体で取り出すことには成功しなかったが、この物質の名づけ親となった。しかし、実は彼がつけた名前は2つあった。最初に彼はこの物質をアルミナ（alumina）と呼んでいたが、のちにアルミナム（aluminum）という名前に改めた。だが、この案には異議の声が上がった。カリウム（potassium）、カルシウム（calcium）、マグネシウム（magnesium）といった元素名を考えたときに、アルミニウム（aluminium）とした方が統一感があるというわけだ。それでも、デービーの案は最終的に米国で定着し、1828年のウェブスター辞典にも掲載された。

aluminum というスペルは、19世紀後半に童顔ながらアルミニウム業界で大成功を収めた米国人の発明家にして企業家のチャールズ・マーティン・ホールが使ったことで、さらに広まった。ホールは最初に大規模な工場でのアルミニウム製造を開始した人物だ。彼の特許では aluminium のつづりが使われていたが、のちにホールの会社が発売したアルミニウム製品の名称はすべて aluminum で統一されており、同社の製品が流通していた地域ではこちらのつづりが一般的になった。

現在では普通の話し言葉でも専門的な話でも aluminium と aluminum の両方が一般的に使用されている。科学用語の命名を行う団体、国際純正・応用化学連合（IUPAC）では aluminium が国際的に正式なスペルとして定められているが、一般的な同義語として aluminum の使用も認められている。確かにこれはよく使われる「同義語」だ。科学文献を対象とした検索エンジングーグル・スカラーで aluminum を検索すると aluminium の2倍の件数がヒットする。本来なら引き分けを宣言して、デービーが最初に提案した alumina に統一すべきなのかもしれない。

小惑星(asteroid)：天王星の発見者ウィリアム・ハーシェルが、ギリシャ語のアステル(aster：恒星)とエイドス(eidos：姿、形)を組み合わせてアステロイド(asteroid)という名前をつけた。しかし、小惑星は恒星とはほど遠い姿をしている。冷たく、不規則な形をしたこれらの岩の塊は、数千個が太陽の周囲を回っている(特に火星と木星の間に集中している)。ハーシェルが使っていた旧式の望遠鏡から見える小惑星はあまりに小さすぎて、実際の様子はほとんどわからなかったのだろう。彼が目にしたのは点のような光だったが、それを遠方の恒星に重ね合わせたのに違いない。

月の裏側(dark side of the moon)：地球から見ているとそれとわからないが、月も自転している。ただし、公転と自転の速度がまったく同じなので、地球からはいつも同じ面しか見えない。どうなっているかわからなければ、自分の指で実験してみればいい。まず左手の人差し指を自分の方に向けて、次に右手の人差し指を左手の周りでぐるぐる回す。右手の指を回すにつれて、左の手の指に面する部分が変わっていくことがわかるはずだ。例えば右手の爪がずっと左手の方向を向くようにするには、動きに合わせて右手を回転させる必要がある(人体の構造上、このような動きは不可能だが)。月私たちはいつも同じ月の面を目にしており、少なくとも地球からはその裏側は決して見えない。月の裏側はいつもこちらから見えず得体が知れないことから、不気味なもののたとえとしても使われる。英国の人気ロックバンド、ピンク・フロイドは『狂気（*The dark side of the moon*）』という有名なアルバムで人気を博した。地球に姿を見せることがないからといって月の裏側を陰の面（dark side）と呼ぶのは間違いだが、darkという単語には「謎めいた」「秘められた」というような意味もある。1959年に宇宙探査機が月の裏側を通過するまで、「陰の面」を見たものは誰もいなかった。

恐竜(dinosaur)：ダイナソアとは「恐ろしいトカゲ」というのが元の意味だ。しかし、恐竜はトカゲではなく、まったく別種の爬虫類に分類される。恐竜はトカゲに比べて体温調節機能がはるかに優れており、恒温動物と変温動物のどちらにも属さず、その中間あたりに位置すると考えられている。さらに、私たちが恐竜だと思っている多くの生物――翼竜、プレシオサウルス、ディメトロドンなどは実は恐竜の仲間ではない。一方で、鳥類は恐竜の一種であると現在は考えられている。つまり、恐竜は完全に絶滅してはいないのだ。

テンジクネズミ（guinea pig）：直訳すると「ギニアブタ」という意味だが、ブタでもなければ、ギニアとも関係がない。（日本語名は「テンジクネズミ」だが、現在のインドにあたる天竺とも関係はない。）

ハレー彗星：太陽系で最も有名な彗星の名前は英国王室天文官のエドモンド・ハレーにちなんでいる。当然、発見者はハレーだと思うのが普通だろう。

しかしちょっと待ってほしい。ハレー彗星は肉眼でもはっきり見えるし、過去には記録も残っている（1066年のノルマン征服を描いたバイユーのタペストリーにハレー彗星が入っているのは有名な話だ）。ハレーの功績は、過去の文献を調べて75〜76年周期でこの天体がやって来ることを1705年に初めて発見したことにある。

隕石（meteor/meteorite/meteoroid）：隕石とは地球に向かって飛来する小さい岩や天然の金属の塊のことだが、英語ではこれを段階別に呼び分けている。宇宙を飛んでいる間は流星体（メテオロイド：meteoroid）が使われる。隕石が地球の大気中に突入すると、呼び名は流星（メテオ：meteor）に変わる。尾を引きながらはかなく消える流星を私たちは流れ星と呼ぶ。隕石の大半は大気中を通過している間に燃え尽きるが、地上までたどり着いた隕石はメテオライト（meteorite）と呼ばれるようになる。

王立学会（Royal Society）：英国人は、特に科学の分野で不親切な名前の団体を発明することにかけてはまれに見る才能を発揮してきた。王立学会もその一つだ。クリストファー・レンとアイザック・ニュートンが17世紀半ばに設立した王立学会は、世界で最も尊敬を集めてきた由緒ある団体の一つで、ロンドンのザ・マルを臨む立地に堂々たる本部を構えている。しかし、王立学会とは一体何なのだろう？

この名前は、わずか半マイルほど先のメイフェアに建つもう一つの立派な科学団体、王立研究所（英名はRoyal Institution だが、別の Royal Institute と勘違いされていることも多い）とややまぎらわしい。王立研究所は19世紀の終わり頃に設立された比較的新しい団体だ。しかし、ここでも同じ疑問がわき上がる。王立研究所とは何なのだろう？（＊1）

王立学会も王立研究所も一般向けの公開講座や実演にかけてはすばらしい実績がある。また、両団体のポストを兼任する研究者は多く、多数の研究者をビジターとして互いに受け入れ合っているようだ。第三の団体、英国科学振興協会（British Association for the Advancement of Science）もかつては何をしているか、よくわからない団体だった。科学を振興するという役目はあまり果たせていなかったのか、主に英国学術協会という通称で知られていた。２００９年に名称を改め、現在は英国科学協会（British Science Association）となっている。

石器時代：科学用語ではないが、人類が金属を利用し始める前の時代の呼称としてよく使われる。本来なら、この呼び名は木工時代とする方がより実情に合っている。昔の人々は、石よりも木から作った道具を使うことの方がはるかに多かった。私たちが石器技術の例をたくさん知っているのは、石槍の先端は後の時代まで残ったが、木でできた道具は腐って後に残らなかったというのが真相だ。

硫黄（sulfur/sulphur）：火や地獄を連想させる元素、硫黄の正しいつづりをめぐっては白熱した議論が繰り広げられている。原子番号16のこの元素は、アメリカ英語のつづりは「sulfur」、イギリス英語のつづりは「sulphur」だと一般的には言われており、20世紀の大半の期間にはほぼ当てはまる。しかし、1990年以降はIUPACが国際標準として「sulfur」を支持するようになったため、英国王立化学会はこの決定にならって1992年に英国式のつづりを国際標準に合わせることを決めた。これにはもちろん、非難の声が上がり、今日でも英国の出版物ではあえて「sulfur」が使われている。しかし、英国人がこのような執着を見せる理由は、これがしきたりだったからという以外にはほとんどない。「ph」のつづりはギリシャ文字「φ（ファイ）」の代わりとしてギリシャ語に由来する言葉で使われることが多いが、残念ながら「sulfur」はラテン語から派生した言葉で、ギリシャ語が起源ではない。語源から考えても、有力な学会が認めたという点でも、「sulphur」は「sulfur」に完全に押されているが、それをよしとしない人々もまだまだ大勢いる。

理論（theory）：日常会話に出てくるセオリー（theory）は「勘」や「予感」のような意味で使われていることが多い。例えば、「僕の持論では（I have a theory）、アダム・サンドラー（米国の俳優・脚本家）は時代を超えた偉大な俳優だと思うな」のような使い方をする。他にも、来週の火曜日のランチの予定が空いているかを聞かれたときに、「ああ、理論的にはね（Yes, in theory）」と返事をすることもできる。わりと気軽に使われる言葉なのだ。一方、科学者にとって理論とは真剣に取り組むべきものだ。

アダム・サンドラーについての誰かの持論と、アインシュタインの一般相対性理論を比べてみよう。前者は個人的な意見だ。主張している内容は主観的で検証のしようがない。アカデミー賞に俳優をノミネートする権限を持っているなら話は別だが、それでも受賞の見込みはまずないだろう。一方、後者は大勢の科学者たちが数世紀にわたって積み重ねてきた成果をもとに構築された理論だ。一般相対性理論は、誕生から1世紀を経た今も重力の統一見解としてゆるぎない地位を誇っている。相対性理論の予測は多数の実験によって裏付けられている。

しかしそれでも、私たちはアインシュタインの相対性理論を事実と呼ばず、理論と呼んでいる。これは科学の核心に関わる問題だ。あるアイデアがどれほどしっかり確立されていたとしても、常に疑問の余地を残しておく。相手がどれほど偉大な理論であろうと、科学者たちは例外や矛盾を探す努力を惜しまず、その理論を突き崩そうとする。そこに進歩があるからだ。ニュートンの重力理論は何百年も正しいと信じられてきた。私たちが日常的に出会う地球の重力に束縛されている物体、例えばテニスボールの飛び方を計算する場合などには、この理論は今でもすばらしい力を発揮する。しかし、アインシュタインのおかげで現在はニュートンの運動の三法則以外にも重力の法則があることがわかっている。

ビタミンD：厳密に言うと、ビタミンとは健康のために欠かせないが、体内で合成できず、食物から摂取する必要がある有機化合物を指す。しかし、その意味ではビタミンDは例外的な存在だ。たっぷりの日光を浴びさえすれば、ビタミンDは体内で十分な量が作られる。しかし、ほとんどの人は卵やマッシュルームや魚などの食品から必要以上のビタミンDを摂取している。

CHAPTER 6

地球という惑星

カール・セーガンの言葉を引用するなら、地球は
「あなたが愛するすべての人、知っているすべての人、
話に聞いたことがあるすべての人、
かつて存在したすべての人がその一生を過ごした」
場所ということになる。
しかし、そんな地球という惑星を
私たちはどれほど知っているのだろうか。

誤解 33

最後の氷河期は数千年前に終わった

窓の外に目をやってみよう。目の前に横たわる氷床やそびえ立つ巨大氷河が見えるだろうか？　私の出版社がよほど特殊な環境にある地域まで販路を広げていない限り、おそらく読者の答えはノーだろう。しかし、2万年前の状況は違っていたようだ。この時期はいわゆる最終氷期にあたり、欧州北部はすっかり氷に覆われていたし、北米ではマンハッタンあたりまで氷河が見られた。アルプス、アンデス、ヒマラヤなどの山地のほとんどは白い雪の下に埋もれ、それ以外の地域も現在より寒く、乾燥していた。大量の水が極地で氷になったため、世界中で海水面が大幅に下がり、これまでは海で隔てられていた陸地を行き来できるようになった。世界の様相は現在とはまったく違っていたのだ。

しかし、やがて氷は解け始める。海水面は再び上がり、気候の温暖化が進んだ。氷床はどんどん小さくなり、およそ1万2000年前には現在と同程度の大きさに落ち着いた。10万年に及んだ長い氷河期はこうして終わりを告げた。

だが、本当にその通りなのだろうか？　すべては「氷河期」という言葉の定義にかかっている。多くの科学者の意見では、氷河期はまだ終わっていないという。

クマの毛皮を着込んだ狩人たちがマンモスを追いかけていたような極寒の時代に比べれば、現在の

気候は温暖だが、北極や南極はいまだにかなりの量の氷で覆われている。これは実は異常事態だ。地球の長い歴史を振り返れば、どこにも氷がない時代の方がずっと長かった。氷はないのが当たり前だったのだ。人類が記録を残すようになった以降の時代はたまたま高緯度地域に常に氷がある時期にあたっていたために、北極と南極には氷床があるのが当然だと私たちは思い込むようになった。しかし、それは違う。45億年の地球の歴史では過去に4回の氷河期があったことがわかっているが、今は5回目の氷河期の真っ最中なのだ。

1万2000年前まで続いていた氷河の拡大は、文字通り氷山の一角に過ぎない。最近の250万年ほどの間、氷は周期的に成長と後退を続けている。現在は進行中の氷河期の中でもやや温暖な短い「間氷期」にあたる。北極と南極に氷床が見られる間は、厳密に言えば私たちはまだ氷河期にいるのだ。氷床が完全に姿を消して温暖化と寒冷化を繰り返す現在のサイクルがいつ頃終わるのかは、誰にもわからないが、まだまだ先は長そうだ。非常に大規模な氷期として知られるヒューロニアン氷期は3億年の間続いたとされる。つまり現生人類の誕生から現在までの1500倍の時間が氷に支配されたわけだ。

人為的な地球温暖化がこのサイクルを終わらせ、かなり先まで氷期は戻ってこないようにも思えるが、実際にどうなるかはわからない。最近の調査によれば、大気中に放出された温室効果のある二酸化炭素の量から考えて、次の氷期の到来が最大で5万年程度遅れる可能性があると指摘されている。一方、今以上に極氷が解ければ、メキシコ湾流などの海流に大きな影響が出る可能性があり、私たちは再び寒冷期に押し戻されるかもしれない。

誤解34

地震の規模を表す単位はマグニチュード（M）

リヒター・スケール（ローカル・マグニチュードとも呼ぶ）という尺度をご存じだろうか。欧米では地震の規模を表す際にマグニチュードではなくこのリヒター・スケールが使われることがほとんどで、ビースティ・ボーイズやAC／DC、フランク・ザッパの歌にも登場するほど有名だ。しかし、このリヒター・スケールという尺度は、一般では広く使われているにもかかわらず、科学者の間ではほとんど使われない。

リヒター・スケールは1930年代に地震学者のチャールズ・リヒターとベノー・グーテンベルグによって考案された（だから本来ならばこれはグーテンベルグ-リヒター・スケールと呼ぶべきかもしれない。特にグーテンベルグはリヒターを指導する立場にあった）。このような尺度が考え出された背景には、地震計を使って、カリフォルニアのある地域で発生した地震により放出されたエネルギーを比較し、分類するという目的があった。彼らはリヒター・スケールを用いて目的を果たすことができたが、条件の異なる別の地域の地震ではうまくいかなかった。また、規模が大きい地震では正確な結果を出すことが難しいという問題もあった。

そのために、世界中のどこでも使える新たな尺度が1970年代に考案され、現在、地震学者たちは主にその新尺度のモーメント・マグニチュードを使っている。また、リヒター・スケールは約7以上の大きい値をとることができないため、ニュースキャスターが地震の規模をリヒター・スケールで8だと言ったら、そのキャスターの発言はほぼ間違いだと考えていいだろう。けれども、リヒター・スケールとモーメント・マグニチュードに極端な違いはない。どちらにしてもマグニチュード8の地震が大惨事であることに変わりはない。

地震の規模を表す尺度に関しては、他にも2つほど誤解されがちな事実がある。一つは、モーメント・マグニチュードにしてもリヒター・スケールにしても、あくまで地震によって放出されたエネルギーの量を示す指標であって、地上で発生した被害の大きさを示す数値ではないということだ。地震の被害については、マグニチュードごとに「中程度から重大な被害」「棚から物が落ちる可能性がある」などの説明が後から追加されているが、これはあくまでも目安にすぎない。例えば、マグニチュード6の地震であっても、震源地が地表に近ければマグニチュード7の地震よりも大きな被害が出る場合がある。第二に、地震の規模を表す尺度は、必ず対数で表されていることを忘れてはならない。マグニチュードが1上がると、地震計の数値(地震波の振幅)が10倍になったことを意味する。例えば、マグニチュード8の地震はマグニチュード7の地震より10倍揺れが激しいということだ。

誤解

35

水が穴に吸い込まれるときに北半球では反時計回りに渦を巻き、南半球では時計回りに渦を巻く

シンクの栓を抜くと、数秒後に水がシンクの穴の周りで渦を巻きながら排水口に吸い込まれていく。オーストラリアなどの南半球では水はいつも時計回りに流れ、北半球では反時計回りに流れるというのは昔からよく聞く話だ。

この説はもっともらしく聞こえる。その理由を知るために、ちょっとした実験をしてみよう。リンゴを1個(＊1)用意して上と下にペーパークリップを刺す。これが北極と南極だ。刺したクリップの端を広げると、小さな旗のようになる。次に、地球の自転と同じように、リンゴを左から右へとゆっくり回転させる。リンゴの赤道から眺めると、北半球の旗は反時計回りに回転し、南半球の旗は時計回りに回転することがわかる。これを地球の大きさまで拡大し、同じ理屈を排水口に吸い込まれる水に当てはめると、南北が変われば水が回転する方向も変わることになる。

この考え方は理にかなっているが、台所のシンク程度の大きさではそのような作用はあまり関係がない。渦の向きを決めるのは、シンクの形状や排水口に到達するまでの水の流れ方、凹凸や欠陥、こ

びりついた歯磨き粉による影響の方が地球の自転よりもはるかに大きい。北半球と南半球の渦巻きの違いを実際に目にしたければ、完全に均等な形をした非常に大きいシンクを用意して理想的な条件を完璧にそろえる必要がある。

地球の自転が渦巻きの違いを生み出す力は、コリオリ効果と呼ばれる。教科書でも紹介されているれっきとした物理学だ。地球の自転はあなたの家のバスタブには変化をもたらさないかもしれないが、海や風には影響を及ぼしている。地球上で一番速いスピードで回転している場所は赤道だということを思い出してほしい。これはメリーゴーランドで外側の木馬に乗っている子供は速いスピードで回っていくが、中心付近の木馬に乗った子供はゆったりと動いていくことに似ている（言い換えれば、外側の木馬は中心に近い木馬に比べて一定の時間内に進む距離が長いことになる）。同じ理屈で、赤道付近の大気は地球の自転によって受ける推進力が他の地域よりも大きい。そのために気圧差が生じて、熱帯低気圧が発生しやすくなる。衛星画像を見ると、このような低気圧が北半球では反時計回りに、南半球では時計回りに渦を巻いている様子がわかる。これがいわゆるコリオリ効果で、海流にも同じような影響が現れている。

シンクの排水口でできる渦について私の話が信じられないなら、家庭で試すのにもってこいの実験がある。きれいに掃除した台所のシンクに水をためて、栓を抜く。排水口に吸い込まれていく水はどっち向きに回転するだろうか？　この実験を何度か行い、別のシンクでも繰り返す。実験するのが北半球でも南半球でも、最終的には右巻きと左巻きのどちらの結果も出るはずだ。たとえ実験がうまくいかなかったとしても、シンクはピカピカになるだろう。

誤解

36

世界一高い山はエベレスト

小学校の地理では、世界一高い山はエベレストだと必ず教えられる。エベレストそのものは簡単に登れる山ではないが、エベレストが世界一高いという事実に普通の小学生が反論するのも同じくらいハードルが高い。しかし、本書で扱っているさまざまなテーマと同じく、すべては測定方法と定義次第で変わってくる。

一般的に、エベレストの高さは8848メートルとされている。この数字は、海面から頂上までの高さだ。しかし、山が海の下まで続いているとしたらどうだろうか？　例えば、ハワイ本島にそびえ立つ火山、マウナ・ケア山がそうだ。グーグル・アースで見てみれば、この火山の大半が波の下に沈んでいることがはっきりわかる。マウナケアの海底から山頂までの高さは1万200メートルになる。もし海水がすっかり引いてしまえば、この巨大火山があらゆる意味で世界一高い山になる。

世界一の名乗りを上げられそうな山は他にもある。地球の中心から山頂までの距離を基準にするなら、エクアドルのチンボラソ火山がエベレストを上回る。チンボラソの海面からの高さは6263メートルしかないが、地球は赤道に向かってやや膨らんでいるため、地球の中心から山頂までの距離はエベレストより2000メートルほど高い。ペルーのワスカラン山も同じ理由でエベレストの高さをしのぐ。

最後の候補は、アラスカのデナリ山、以前はマッキンリーと呼ばれていた山だ。標高6190メートルで、エベレストに比べればずいぶん低いように思える。しかし、ふもとから山頂までの高さ（比高）はエベレストよりもデナリの方が高い。エベレストのふもとにあたるチベット高原はそもそも高度がかなり高いからだ。結論を言えば、エベレストはたまたま海抜という基準が採用されたために世界一高い山と認定されているに過ぎない。

エベレストでは物足りない登山家のみなさんには、地球外のもっと高い山をお薦めしたい。火星に行けば、かつて太陽系最高の山だと考えられていた高さ21・9キロメートルのオリンポス山がある。オリンポスに比べれば、エベレストもちっぽけな丘のようだ。しかも、火星にはオリンポスの他にエベレストより高い山が少なくとも3つある。現在、太陽系最高の山がある天体は小惑星ベスタだと考えられている。ベスタにはレアシルビアという名前のクレーターがあり、その中央丘の高さは22キロメートルとわずかながらオリンポスをしのぐ。そのほかにも衛星イオやミマス、金星など、エベレストやマウナケアといった地球の山よりも大きな山を持つ天体はあちこちにある。

ここまで地形に関する話をしてきたついでに、地球最大の砂漠はサハラ砂漠ではないという話も付け加えておこう。砂漠と聞くと焼けつくような暑さの砂地をつい思い浮かべるが、必ずしもそうとは限らない。砂漠というのは、ほとんど雨が降らず、植物が育たない荒れ地というのが最も一般的な定義だ。サハラ砂漠の約1・5倍の面積を誇る広大な南極大陸も実はこの条件を満たしており、一般的には砂漠だと考えられる。

誤解

37

虹は七色

英国には虹の色を順番通りに覚えるための覚え歌がある。「Richard of York Gave Battle in Vain（ヨーク公リチャードは戦いで負けてしまった）」という歌詞で、虹の色を頭文字の順番に並べている（RedのR、OrangeのO、YellowのY、GreenのG、BlueのB、IndigoのI、VioletのVで赤、橙、黄、緑、青、藍、紫の順）。英国の子供たちはこの歌を歌って虹色の順番を覚える。あるいはRoy G・Biv（ロイ・ジー・ビブ）という謎めいた名前のようにして覚えることもある。私はこの名前を聞くといつも、いかめしい顔をした米軍大佐を連想する。このようなやり方は暗記にはなかなか便利で、赤から紫までの基本的なスペクトルの順番が簡単に頭に入る。しかし、これはもちろん虹を単純化したもので、本物の虹は色がくっきり分かれているわけではなく、連続的に色合いが変化する。昔から伝えられている虹の7色は規則できっちりと決められているわけではなく、あいまいなものだ。8色でも構わないし、32色や12色だと言うこともできるだろう。

光を曲げ、虹を作り出す屈折の実験を最初に行った一人がアイザック・ニュートンだ。ニュートンは白色光をさまざまな波長成分に分光させるプリズムを作った。プリズムから出てきた光のスペクトルは、人工的な虹だと考えることもできる。ただし、光は本物の虹よりもくっきり分かれ、はっきりした色になる。ニュートンはこの方法で光を5つの色（赤、黄、緑、青、紫）に分けることができると考えた。のちにニュートンはここに橙と藍を付け加え、7色の「標準的な」虹色が学校で教えられるようになった。これは単なる思いつきや気まぐれではなく、ニュートンは音階や1週間の日数、肉眼で昔から確認されていた「古典的な惑星」(太陽、月、水星、金星、火星、木星、土星)の数と同じ7という数字にこだわったのだ。

人間の目はスペクトルから100種類前後の色を見分けることができると考えられている。ただし、これは単独の点光源からやってきた白色光がプリズムで波長ごとにきれいに分かれるという理想的な条件がそろった場合の話だ。虹の場合は少し話が違う。虹の光源は太陽だ。つまり、光源は点ではなく、円盤から光がやってくるような状態になる。さらに、光を散乱させるのはきれいに磨き上げられたプリズムではなく、無数の水滴だ。水滴に入った太陽光は跳ね返る場合もあれば(内部反射)、一定の角度に散乱される場合もある(屈折)。一粒の水滴ではごく限られた波長の光――私たちの目にはほぼ単色の光に見える――しか出せないが、波長の近い光によって色が補われる。周辺にある水滴がちょうどよい角度で別の色を映し出すわけだ。このようにして、微妙に色合いを変えながら空に孤を描く虹を私たちは目にすることになる。

また、私たちが目にする虹は実は少しずつ違っている。例えば二人の人間が並んで立っているときに、それぞれの目には別の水滴が分光させた光が映っている。さらに、虹の中に見える色の数は、見る人の感覚と目の視認能力によっても変わる。散乱光と反射光から私たちは無数の異なる波長の光を受け取っているが、私たちの目と脳は色を簡略化して認識する。

虹には人間の目には見えない「色」が他にも隠れている。光は波として伝わり、私たちの目に届く。波長の長い光は赤として認識され、波長の短い光は藍や紫に見える。赤より長い波長や紫より短い波長の光もあるが、人間の目では見ることができない。しかし、適切な検出器を用いれば、虹の上にかかる赤外線や、弧の内側の紫外線を見ることができる。

さらに、ピンク色の問題がある。虹や分光スペクトルでピンクを見たことはあるだろうか？　探しても見つからないはずだ。一つの波長でピンクに見える光は存在しない。同じような理由で、マゼンタ(赤紫色)は正確には色ではないと主張する人々もいる。人間は目で感じとった色を脳で認識する。スペクトルの両端にある赤の光と青の光が同じ量だけ私たちの目に届くと、脳はこれをマゼンタだと解釈する。人間の目には赤、緑、青の3種類の光を感知する錐体視細胞と呼ばれる受容体が備わっている。そのため、赤の波長と青の波長の光が目に入り、スペクトルの緑にあたる部分の光がまったく入ってこなかった場合、赤と青の錐体視細胞からの情報が足し合わせられ、結果として脳が生み出す錯覚のせいでマゼンタに見えるというわけだ。

どこかの婦人服店で、虹の全部の色の服が揃っていると自慢する店員に出会うことがあったら、マゼンタの服があるかどうか聞いてみるとおもしろいかもしれない。

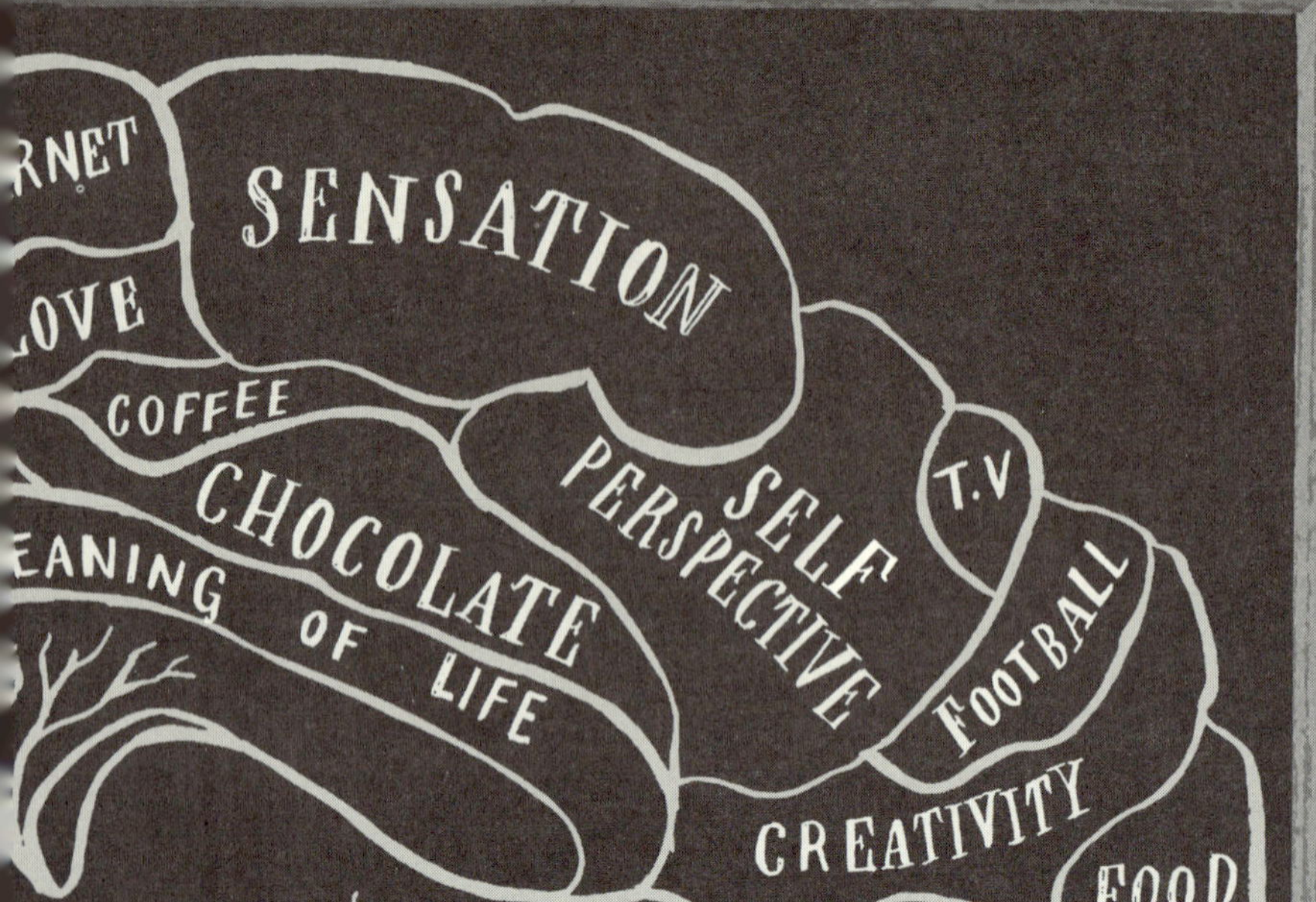

CHAPTER 7

人体の不思議

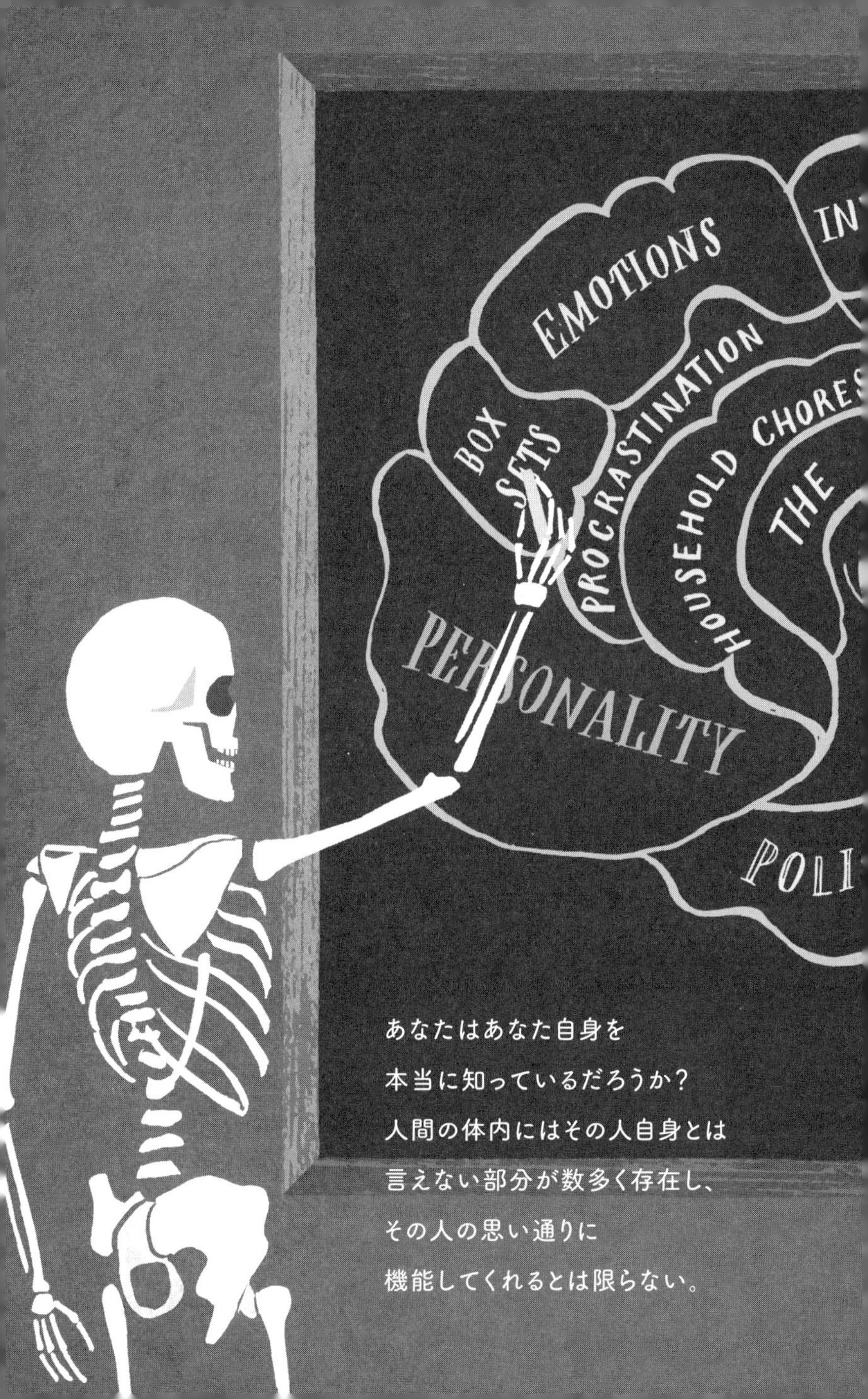

あなたはあなた自身を
本当に知っているだろうか？
人間の体内にはその人自身とは
言えない部分が数多く存在し、
その人の思い通りに
機能してくれるとは限らない。

誤解

38

自分は人間だ

もしかすると、読者の皆さんは自分のことを人間だと思っているのではないだろうか。ある意味では、そして最も重要な意味合いにおいては、その考えは正しい。しかし、物事は見かけ通りではない場合もある。あなたの体の細胞のおよそ半分は人間ではない。

私たちの体の残り半分を占めるのは細菌、菌類、古細菌などだ。人間の体内にはこれらの小さな侵入者たちがうようよしている。体中のしわやひだ、あちこちの管や組織、器官には500～1000種類の生物が住み着いていて、その数は一種類につき数十億個に達する。どれほどしっかりと衛生管理を徹底していても、この状態は避けられない。現在では人間の細胞と微生物の割合はほぼ半々だと考えられている。ただし、生まれつきの体質や、トイレに行ったばかりかどうかによってこの割合は多少変化する。

このようにちゃっかりと人間の体に住み着いている小さい生物たちの集団は、微生物叢《そう》(*1)という名前で呼ばれる。彼らが人間に害を及ぼすことはほとんどなく、中にはメリットをもたらすものもある。例えば、胃腸にいる数種類の微生物は、消化を助けたり、私たちが体内で作り出すことができない、役に立つ分子を生成したりする。このように体の役に立つことから、微生物叢は「忘れられた器官」と呼ばれることもある。とはいえ、それぞれの種類の微生物がどのような役割を果たしているのかについては、まだよくわかっていない。

人間の体内にいる微生物の数は、誤解されていることが多い。体内にいる微生物の細胞の数と人間自身の体細胞の数を比べた割合は、10対1で微生物の方が圧倒的に多いという記述をよく見かける。だが、より慎重を期した測定と補正によって、この驚くような結論は間違っていることが最近証明された。現在ではこの比率は、ある程度のゆらぎはあるものの、平均的な人で1・3対1程度だと考えられている。少なくとも、あなたの半分は人間だというわけだ。さらに視点を変えれば、人間の体細胞は微生物の細胞よりもはるかに大きいため、仮に微生物細胞の数が人間の体細胞の10倍だったとしても、水分を除いたあなたの体重の大半はあなた自身の体の細胞の重さだということになる。

しかし、あなたの体内には他にも潜むものがいる。(ここでも話はあくまで仮定だが)あなたは有胎盤哺乳類として最初の9カ月間かそこらを母親の胎内で過ごし、母親と血液をやりとりしたはずだ。その絆の痕跡は、誕生後もずっと残っていることが多い。母親の多くはマイクロキメリズムと呼ばれる現象により、胎児から移行してきた細胞を保持している。(マイクロキメリズムという名前はギリシャ神話に登場する体の一部がライオン、一部がヤギ、一部がヘビという恐ろしい姿をした伝説の怪物キマイラに由来する。)

胎児の細胞は母親の体内にとどまるだけではない。体内のあちこちに移動して、あっという間に移動先の細胞と同化する。例えば、胎児の細胞が心臓に到達してそのままとどまり、心臓組織に変わることも起こりうる。侵入者であるはずの胎児の細胞が母親の免疫系から異物と認識されずにすんでいるのは、どうやらこのような同化のおかげらしい。同化した細胞はそのまま数十年間にわたってその場にとどまり続け、周囲の細胞と一緒に機能し、分裂するが、遺伝的には別物だ。

その後、母親が次の子供をもうけた場合や流産しても妊娠後期に入っていた場合は、さらなる胎児細胞が体に取り込まれている可能性が高い。グレートブリテン王国の悲劇の女王アン（1655〜1714）は17回の妊娠を経験したが、そのほとんどは流産や死産に終わり、誕生した子供も一人として長生きしなかった。しかし、頻繁な妊娠によりアン女王は18人分の細胞を持っていた可能性がある。王家はこんなところでも別格だった。

しかし、世の中にはもっと奇妙な現象が存在する。頻度はやや少なくなるが、母親の細胞が胎児に移行することがあるのだ。その場合、赤ちゃんは過去の妊娠で母親に移行した細胞をもらう可能性がある。つまり、兄や姉がいる人は年上の兄弟の細胞を持っていることがある。子供が幼くして亡くなったとしても、母親や兄弟の体内にその子供の細胞がひっそりと息づいていることもあるわけだ。移行した細胞が数十年間にわたってそのまま残り、さらに次の世代に受け継がれる可能性もある。だから、例えばあなたの祖母の細胞があなたの腹部のあたりをさまよっているかもしれないし、伯父の細胞が脾臓に潜んでいてもおかしくない。

マイクロキメリズムの研究はまだ始まったばかりだ。移行したこれらの細胞が人体にどのような影響を及ぼすのか、影響があるとすればメリットなのか悪さをするのかもわかっていない。科学者の間では、どのような細胞にも変身できる力を備えた胎児の細胞は、母親の体の細胞の修復に関わる何らかの役割を担っているのではないか、胎児のために次の妊娠を遅らせるような働きが細胞にあるのではないかという意見が出ている。そうかと思えば、自己免疫疾患との関連性も指摘されている。逆に、細胞はいかなる影響も及ぼさないという可能性もある。ここは「さらなる研究が必要だ」という決まり文句を持ち出してくるしかなさそうだ。

あなたの体には人間以外のものも入り込んでいるし、あなたの体が完全にあなた一人のものというわけでもない。ハムレットが「人間とはなんという傑作だろう！」というセリフを口にしたとき、ローゼンクランツが豊富な科学知識を持っていたならこう言ったかもしれない。「王子、あなたの体内には、ほとんどが目に見えず、人でもない数百種類の形ある生物の集団が潜んでおり、さらに御兄姉、お父上とお母上、伯父伯母様方の細胞も王子はお持ちです。このような形で一族の皆様が一緒におられますとは、何とも皮肉でございます」

誤解

39

髪と爪は死後も伸び続ける

人間が死んだ後も髪と爪が伸び続けるという話は、昔からの怪談や無数のB級映画によく登場する。最近でも、米国の人気テレビドラマ『ウォーキング・デッド』に出てきたばかりだ。しかし、この噂は本当なのだろうか？　それを確かめるための臨床試験を実施するには、倫理審査を受けなければならないが、承認を得るのは大変な作業になるだろう。これまでにそのような研究が行われたことはないが、研究をする必要はない。心臓が止まった後も体の一部だけが成長し続けることはないことは分かっている。体の組織が成長するときには、細胞が分裂して増殖する。そのためには、ブドウ糖のエネルギーと、反応を促進する酸素が必要だ。心臓が動いていなければ血液は体内を循環せず、血液が循環していなければ、頭や手足まで新鮮な酸素は届かない。酸素がなければ細胞は分裂できず、髪や爪が伸びることはない。

死後も髪と爪が伸びるという誤解がなぜ生じたかは、簡単に説明できる。人間は死ぬとすぐに体から水分が失われ始め、皮膚は乾燥してしぼんだようになる。皮膚がしぼむと、髪が生えてくる部分にあたる毛包《もうほう》が盛り上がったように目立って見える。同じ効果はひげにもはっきりと表れる。皮膚が落ち込むために、短く刈り込まれたひげがより一層目立つようになり、死んだ後にも伸び続けているように見えるのだ。

また、腐敗速度が関係している場合もある。髪や爪はケラチンからできている。ケラチンは繊維状の物質で、分解されるまでに数百年の時間がかかる。地面に埋まっていた死体は、ほとんどの部分が朽ち果てていても、髪や爪の痕跡は残っていることが多い。これは死後に伸びたわけではなく、ただ腐敗に時間がかかるというだけなのだ。

誤解

40

創造力豊かな芸術家タイプの人は右脳をよく使い、分析が得意な人は左脳をよく使う

小さな子供にそろばんを与えてみたら、どんな行動に出るだろう？　玉をはじいて数える子もいるだろうが、カタカタ音を鳴らし、じろじろ眺め、そばで遊んでいる別の子の頭を叩こうとする子もいるだろう。「気にしないでください。この子は右脳を使っているところなんです」とその子の親はばつの悪そうな顔で言うかもしれない。

人間の性格は右脳型と左脳型に分かれると一般的には信じられている。右脳は芸術に関わる才能に、左脳は分析を行う能力に関係があるとそれぞれ考えられている。例えば大理石のかたまりを見たときにミロのヴィーナスを彫りたくなるなら、あなたは右脳で考えているのかもしれない。同じ大理石のかたまりを見て地球の歴史や堆積層ができるまでの過程、その堆積層が変成して大理石になるために必要な高温と高圧に思いを馳せるなら、左脳をよく使うタイプと言えるだろう。

しかし、話はそれほど単純ではない。人間の脳は非常に複雑につながっており、簡単にひとくくりにすることはできない。例えば、ゴッホは主に右脳を使い、ニュートンは左脳が特に発達していたと考えるのはばかげている。一般向けの心理学雑誌ではこのように大ざっぱな説明がよく出てくるが、はっきりした根拠はない。

ある知的作業が主に脳の特定の領域で行われるのは本当だ。例えば、言語に関わる作業はほとんど左脳で行われ、顔の認識のほとんどは右脳で処理される。しかし、性格が右脳と左脳に左右されることはない。脳画像を用いた実験では、どちらかの脳だけがよく使われるというような現象は見られず、むしろほとんどの作業で右脳も左脳も同時に活動していた。

考えてみれば当然だとも言える。先ほどの例でミロのヴィーナスを彫ることについてもう一度考えてみよう。彫刻という作業では腕と手の筋肉を正確に動かせるように脳が指令を送る必要がある。さらに、大理石を最適な角度とちょうどよい力で削れるように計算しなければならない。仕上がりの姿をイメージする想像力と、イメージを実際の形にする能力も求められる。そもそも彫刻作品を作りたいという意欲がなければ彫刻をしようなどと思わないだろうし、芸術の歴史におけるヴィーナスの重要性について考えることもあるだろう。作品を完成させるために必要な練習や材料のコストを天秤にかけたり、１４０文字を駆使して完成した作品をツイッターで披露することもある。彫刻を完成させるために必要な能力は創造性だけではない。製作者には多くの能力が要求され、右脳で処理されるものも左脳から指令が送られるものもあるだろうが、結局のところ、ほとんどの作業は両側の脳が連携して行っているのだ。

誤解

41 脳は神経細胞だけで構成されている

人体は数十種類の細胞でできている。体中に酸素を運ぶ赤血球細胞や、はがれ落ちるとハウスダストになる皮膚細胞などはよく知られるところだが、脳もやはり細胞でできている。その一つは神経細胞（ニューロン）と呼ばれる細胞で、脳と神経系に電気信号を伝える役割を担っている。しかし、ニューロンだけが脳細胞ではない。

あまり注目されることはないが、脳にはグリア細胞という細胞も含まれ、数ではニューロンを上回る。グリア細胞が電気信号を伝えることはないが、数多くの補佐的な役割を担当している。例えば、ニューロンに栄養と酸素を与えたり、掃除人となって有害物質や死んだ細胞を外に運び出したりするのはグリア細胞の仕事だ。さらに、ニューロンを特定の方向に固定したり、ニューロンを取り囲んで電気信号を絶縁する機能も備えている。脳には８５０億個程度のグリア細胞が含まれていると推定される。

ニューロン（およびグリア細胞）が活躍するのは、何も脳だけではない。これらの細胞は神経系のあらゆる場所で見つかり、体全体をめぐっている。特に集中しているのが消化管だ。腸神経系には脊髄《せきずい》のニューロンよりも多い、脳のニューロンのおよそ12分の１にあたるニューロンが存在する。さらに、ちょっと不気味な話だが、腸神経系のニューロンは他の神経系とは独立して機能することもある。人間は消化管にもう一つ小さい脳を持っていると言っても過言ではない。第二の脳は主に消化に関わる活動をこなしているが、消化管から送られてくる電気信号は気分を左右する役割を担っていることを示す証拠もある。

脳に関してよく聞く話はいくつかあるが、ほとんどの証拠は逆の結果を示している。「私たちは脳のたった10パーセントしか使っていない」という主張は、実際には何の根拠もない。脳の90パーセントを摘出した人が、何の問題もなく生きていけるだろうか？　また、人間は一生のうちに必要な脳細胞をすべて持った状態で生まれてくるという説もある。人間は成長しても新たな脳細胞を獲得することはないが、すでにある脳細胞の連結を増やしていくことはできる。

ニューロンのほとんどが胎児期に形成されるというのは正しい。新しいニューロンを作ることができないと考えれば、脊髄に深刻な損傷を負った場合に麻痺から完全に回復するのが難しい理由を部分的に説明できる。しかし、例外もある。生まれてから最初の数カ月間、脳のニューロンは増え続ける。この過程は神経発生(ニューロン新生)と呼ばれる。記憶形成に強く関連する脳の海馬では、生涯にわたって新たなニューロンが付け加えられることもわかった。それに、グリア細胞についても忘れてはならない。ニューロンとは違って、特定のタイプのグリア細胞は分裂し、増えることができる。

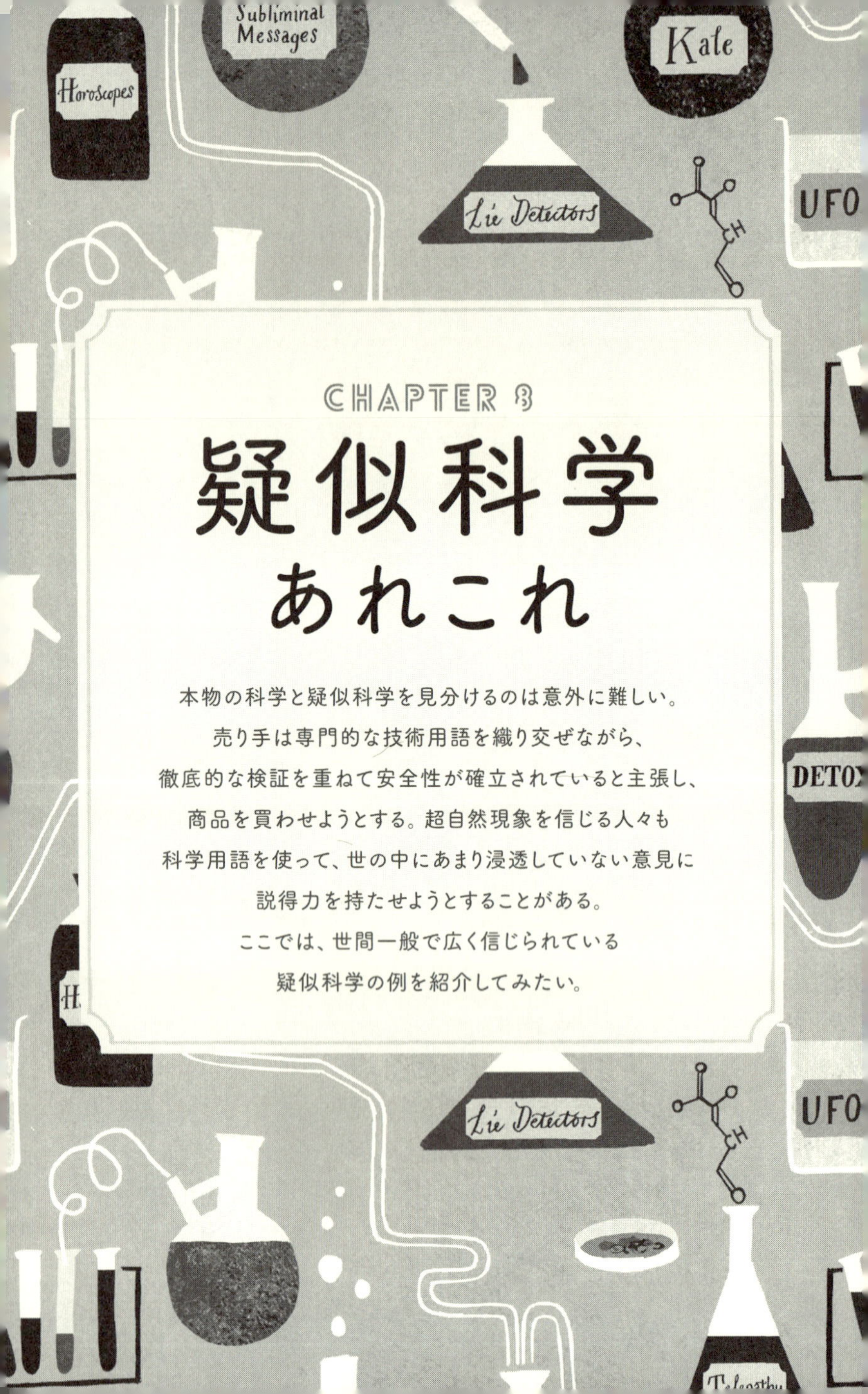

CHAPTER 8

疑似科学あれこれ

本物の科学と疑似科学を見分けるのは意外に難しい。
売り手は専門的な技術用語を織り交ぜながら、
徹底的な検証を重ねて安全性が確立されていると主張し、
商品を買わせようとする。超自然現象を信じる人々も
科学用語を使って、世の中にあまり浸透していない意見に
説得力を持たせようとすることがある。
ここでは、世間一般で広く信じられている
疑似科学の例を紹介してみたい。

Subliminal Messages
Kale
Horoscopes
Lie Detectors
Telepathy
Diet Tricks
Moon Landings
ETERNAL YOUTH
Subliminal Messages
Kale
Horoscopes
Lie Detectors

バイオリズム（Biorhythm）：体に生来備わっている周期的なパターン（リズム）を分析すれば、未来の運命を予想できるのだろうか？　バイオリズム理論によれば、体には3つのサイクル――23日間の身体サイクル、28日間の感情サイクル、33日間の知性サイクル――があるという。これらのサイクルは人間が誕生すると同時に始まる。時間とともに3つのサイクルの交わりがどのように変化するかを調べることで、その日の気分や体調、病状などを予測できるという。実際には（女性の月経周期との若干の関連性以外に）このようなサイクルが存在するという証拠はない。

イヤーキャンドル（Ear candle）：イヤーキャンドルとは、その名の通り火が点いたロウソクの火が点いていない端を耳穴に差し込む療法だ。あるメーカーは、中が空洞になったロウソクが「耳を刺激し、耳垢を自然な形で取り除ける」とうたっている（火のついたロウソクを耳穴に差し込むことを自然と呼べればの話だが）。ロウソクは風邪や耳鳴り、頭痛の治療にも使われている。だが、プラセボ以上の効果は認められていない。

火星の人面（Face on Mars）：1971年に探査機バイキング1号が火星の表面で撮影した画像には、巨大な顔のようなものが写っていた。多くの人々はこれこそ火星人がいる証拠だと信じ込んだが、残念ながらその後のミッションでもっと解像度の高いカメラを使って同じ地点が撮影され、火星人の夢はついえた。その正体は単なる小山だったが、太陽の光が差し込んだ角度と不鮮明な画像という条件が重なって顔のように見えたのだ。さらに、人間の脳は無意識のうちに自分が知っているパターンを探そうとする傾向がある。特に顔に関してはその傾向が強い。これはパレイドリア現象と呼ばれ、実際にはそこにないものが見えることがある。同じ心理効果で幽霊やＵＦＯの目撃のほとんどは説明できるはずだ。

地球温暖化の否定（Global warming denial）：地球温暖化については圧倒的な量の証拠が存在する。地球の気候が温暖化しているという結論は、さまざまな研究や無数のデータから導き出されている。地球の平均温度は上昇しており、その気温上昇を招いた原因は人間の活動だ。しかし科学と無関係の分野には、地球が温暖化し、人間がその原因を作っているという事実を認めようとしない人々が少なからずいる。とんでもない話をすぐに持ち出してくるドナルド・トランプ米大統領は、地球温暖化は中国が米国企業の競争力を奪うためにでっち上げた作り話だと過去に発言している。しかし、科学者が出した結論は違う。最近の論文調査によれば、地球温暖化について書かれた９０００件以上の論文のうちで、地球温暖化が人間の影響によるという説を否定した論文はわずかに１件だった。科学者の結論がどれほど強固なものか、おわかりいただけただろうか。

ホメオパシー（Homeopathy）：ホメオパシーは「症状に似たもので治療する」という考え方に基づいている。例えば、タマネギには涙や鼻水を出す作用があるため、風邪はタマネギの抽出物を使えば治療できるというわけだ。こう聞くと特に問題はなさそうに思えるが、抽出物はかなり薄めて使われるため、飲む薬はただの水とほとんど変わらない。研究が重ねられた結果、ホメオパシー療法で使われる薬にプラセボ以上の効果はないことが示された。

インテリジェント・デザイン（Intelligent design）：この言葉は定義も解釈もさまざまだが、突き詰めれば「神が世界を創造した」となる。インテリジェント・デザインの信奉者たちは、地球の生命は極めて複雑であるため、何らかの創造者の手によるデザインと介入がなければ自然選択の偶然だけでは今の世界が実現しえなかったと信じている。しかし、このような理論は検証も反証も説明も不可能だ。インテリジェント・デザインは科学理論というより、宗教的な信仰に近いといえよう。

とはいえ、特に米国にはダーウィンの進化論などの対立する学説と同じような扱いでインテリジェント・デザインについて教える学校もある。インテリジェント・デザイン理論を学校に持ち込むことを批判する人々の中には、パロディという形で宗教を立ち上げ、オリジナルの創造物語まで作った例もある。そのパロディ宗教、空飛ぶスパゲッティ・モンスター教では、目に見えず存在を確認することもできない空飛ぶスパゲッティ・モンスターが「大酒を飲んで酔っぱらった揚げ句に」宇宙を創造したと主張している。とてもまともとは思えないが（実際にまともではないが）、空飛ぶスパゲッティ・モンスター教の主張が間違っていることを証明するのは不可能だ。世界の成り立ちを理解する上で彼らの主張は無意味だが、その点では昔ながらの創造論の教えも変わらない。空飛ぶスパゲッティ・モンスター教の創始者ボビー・ヘンダーソンは物理学の学士号を持ち、宗教に文句をつける気はないが、宗教の教義を科学として教えることは批判している。「いずれは米国全土の学校で行われる理科の授業でインテリジェントデザイン、空飛ぶスパゲッティ・モンスター理論、それから圧倒的な量の観測可能な証拠に基づいて論理的に導き出された理論という3つの理論が等しく教えられるようになり、最終的にはその流れが世界中に広がることを期待しています」とヘンダーソンは皮肉たっぷりに語っている。

トーストに降臨するキリスト（Jesus on toast）：神の子は不思議なやり方で姿を現すが、朝食によく現れるのはどうしたことだろうか。キリストの姿はことに食品に現れることが多いようだ。ニュースサイトのＢｕｚｚｆｅｅｄは過去に「食品に現れたキリストを目撃した22人」というタイトルの記事を掲載している。バナナや魚フライ、ジャムのビンの蓋まで、キリストやその母であるマリアに見えなくもない姿があちこちに現れている。もちろん、これらが神の御業である可能性も否定はできないが、このような奇跡はパレイドリア現象（前述の「火星の人面」を参照）だと考えるのがより現実的だろう。

月面着陸捏造《ねつぞう》説（Moon landing conspiracy）：有名な陰謀論の一つに、ニール・アームストロングとバズ・オルドリンは実際には月に行っておらず、映像はすべて映画スタジオで撮影されたとする説がある。この説の支持者たちは、影が複数の方向に向かって伸びている、風がないはずの月面で米国旗がはためいている、空に星がまったく見えないといった数多くの矛盾点があると指摘する。でっちあげの証拠リストはかなりの長さがあるが、どれも誤りを証明できるものばかりだ。さらに、アポロ宇宙船の着陸地点は月軌道から撮影されたこともある（もちろん、これもよくできた作り物という可能性はあるが）。アポロ計画には数千人単位のＮＡＳＡ職員や業者が関わっているし、当時のメディアの厳しい監視の目もあった。着陸地点を偽造するより、普通に月に行く方がはるかに簡単だったはずだ。

数秘学／数秘術（Numerology）：数秘学という名前には、何やら正統派の数学のような響きがある。数字とパターンを扱うのは確かだが、実態はかなり怪しい。最近の有名なところでは、ベストセラーになった『聖書の暗号』に、ヘブライ語の聖書のある開始点から5文字ごとに文字を拾って並べていくと隠されたメッセージが現れることが書かれている。この考え方とテクニックは簡単に間違いを証明できる。例えば、いくつもある聖書の原典のうちから別のものを選んだり、あるいは一カ所にでも誤字脱字が入り込んだ聖書を使った場合、メッセージはたちどころに消え去るはずだ。開始点と文字の間隔の選び方には膨大なパターンがあり、十分に長い文章なら意味のあるメッセージが出てくるような組み合わせがあってもおかしくない。実際に、メルヴィルの『白鯨』やトルストイの『戦争と平和』からも20世紀の有名な暗殺事件が予言されていると解釈できるような箇所が見つかっている。このテクニックが間違っているのでなければ、メルヴィルやトルストイも予言者としてあがめられるべきだろう。

永久運動（Perpetual motion）：「リサ、ちょっと待ちなさい。私たちはみんな熱力学の法則に従うんだ！」おませな我が子が永久機関を作ったときに米国のテレビアニメ『ザ・シンプソンズ』の主人公ホーマー・シンプソンはこう言って娘をたしなめた。永久機関を作ろうとしたのはリサだけではない。歴史の中で、人類は永久に動き続けると思える機械を発明し続けてきた。しかし、実際に永久に運動を続ける機械を作ることに成功した者はいない。どんな機械でも、摩擦や熱損失など何らかの形でのエネルギーの散逸が起こり、いつかは必ず停止する。人間から見れば永久に回転しているように思える地球でさえ、いつかは動きを止めて太陽に飲み込まれ、その太陽もいずれは燃え尽きて消滅する。

量子力学を利用したおかしな理屈（Quantum nonsense）：量子力学の世界はどこを見てもおかしなことばかりだ。粒子が突然現れては消えたりするし、1個の粒子がまったく異なる状態に同時に存在することもできる。この常識外れのふるまいの数々のせいで、量子力学は実験で確かめようもない、おかしな理論を説明しようとする輩に好きに利用されることもある。「テレパシーは存在します。これは量子もつれを介して送られるのです」「私たちが死ぬとき、魂は量子トンネル効果を経て体を離れます」「幽霊は波動と粒子の二重性によって現れます。これらは波動の状態に変化する物質なのです」といった具合だ。「量子」という言葉は、それなりに扱いを心得ている人間が使うのでない限り、慎重に扱うべきなのだ。

遠隔透視（Remote viewing）：精神を集中させれば、遠く離れた場所で起こっている物事を見ることができるだろうか？　もしそんな能力があれば、どうなるだろう。諜報活動から天文学から変態行為まで、あらゆるものが一変するに違いない。そのような超能力の研究には湯水のように資金がつぎ込まれてきた。『実録・アメリカ超能力部隊』は、超能力を使ったスパイ活動や敵への攻撃を可能にしようとしていた、実在する米軍部隊を題材にしたノンフィクションだ（この本を原作として『ヤギと男と男と壁と』というコメディ映画も制作されている）。残念ながら（あるいは幸運にもというべきかもしれないが）、これまでに超能力の存在を証明できる証拠が公開されたことはないし、超能力が実際に可能になりそうなメカニズム（前述の「量子力学を利用したおかしな理屈」を参照）を見つけられたものもいない。いろいろな意味で、超能力は夢物語ということだろう。

電波塔（Telephone masts）：多くの人々は電波塔のそばで生活することを嫌がる。確かに外観は美しいとは言えない。しかも、電波塔には見た目に麗しくないという以外にも、実は重大な問題が隠れているという意見もある。多数の活動団体は、電磁波が鼻血から腫瘍までさまざまな悪影響を体に及ぼすと主張している。この主張はある程度の反響を呼んでいる。都会では屋根のアンテナやポケットの携帯電話から出る目に見えない電磁波があちこちで飛び交っている。そこにちょっとした電磁波が余計に加わったところで、体に何かの害があるというのだろうか？　おそらくその心配はないだろう。マイクロ波の曝露《ばくろ》量の増加と健康被害と言われる体の不調には何の関連性もないことが、複数の研究から明らかになっている。常識から考えても(当てにならない常識も多いのは確かだが)この結果にはうなずける。携帯電話などに使われる電磁波（マイクロ波）のエネルギーは、私たちが普段からたっぷりと浴びている可視光よりもはるかに小さい。エネルギーが小さいマイクロ波の曝露量が多少増えたところで、悪影響が出るとは考えにくい。それに、携帯電話から出る電磁波がガンを引き起こすのなら、手のひらや足の付け根や耳に腫瘍ができる人が大幅に増えるはずではないだろうか？

UFO：ある意味では、UFOは確かに存在する。UFOとは未確認飛行物体の略語だが、ここには珍しい種類の鳥から地平線上に見える正体不明の点状の物体まで、さまざまなものが該当する。宇宙人が乗った宇宙船が本当に地球にやってきているかどうかについては現段階で確かなことは言えないが、信頼に足るはっきりした証拠がないことは言うまでもない。UFOについて、私はいつも戸惑うことが一つある。なぜUFOというと正体はいつも宇宙人だと言われるのだろうか？　タイムトラベルで未来からやって来た人間という可能性だってあるのではないか?

予防接種は自閉症の原因になる(Vaccines lead to autism):1998年に麻疹(はしか)・流行性耳下腺炎(おたふく風邪)・風疹の混合ワクチン(MMRワクチン)と自閉症の間には関連があるとする研究結果が発表された。不安を感じた大勢の親たちが子供に予防接種を受けるのを控えさせたため、おたふく風邪と麻疹が大流行することになった。のちにこの研究では不正があったことが発覚し、(少なからぬ数の)以降の研究では予防接種と自閉症の関連性を証明する結果は出ていない。しかし、残念なことに予防接種は自閉症と関係があるといまだに疑われている。そして麻疹の症例数は、この問題が発生する前よりもはるかに高い水準にとどまっている。

○○はガンの原因になる(X causes cancer):英国のタブロイド紙は、王室のゴシップやポップスターの新しいビキニ写真などの話題がないとき、やたらとガンについての記事を載せる。私たちはほとんど毎日のように、こんな商品や生活習慣がガンを招く、あるいは逆にガンを予防する、といった話を聞かされている。ガンになる、またはならない物質のネタが一時的に途切れたときは、代わりに今後10年以内にガンを治療できるようになる「画期的な」研究が紹介される。たいていの場合、これらの記事はちょっとした科学的事実をもとにひねり出される。例えば、ある研究チームがほとんどの乳製品に含まれるたんぱく質を実験室でマウスに与えると腫瘍ができる可能性が高くなるという結果を発表したとしよう。すると、『チーズがガンの原因に!』という見出しが躍ることになる。代表的なタブロイド紙であるデイリー・メール紙をざっと見ると、キャンドルをともしたディナー、マウスウォッシュ、フェイスブック、男性であること、水道水などがガンを誘発するリスクがあると紹介されている。このような記事は常に疑ってかかるべきだし、下手をすると読者の不安を煽って余計にガンのリスクを高めかねない。

若々しい外見（Youthful looks）：アンチエイジング業界ほど、専門用語のように聞こえるわけのわからない言葉を使って強い関心を集めているジャンルも珍しい。広告には「臨床的に証明」「皮膚科医も認める」といった無責任な文言がずらりと並ぶ。すばらしい効果がありそうに聞こえながらも、あいまいな表現を使って広告規制に引っかからないようにしているのだ。コウジ酸やボスウェロックスのように、何だかよくわからない成分も出てくる。ここで問題が一つある。これらの商品の試験は誰が行っているのだろう？　化粧品にガンの治療薬と同じくらい厳しい臨床試験が行われるとは考えにくい。私たちが目にするのは、商品の効果をうたう宣伝文句や、メーカーが大金を払って登場させた有名人の感想ばかりだ。では、批判的な立場からの検証はまったく行われていないのだろうか？　新聞や雑誌は化粧品メーカーを敵に回したがらない。「この新商品にはあまり効果なし」よりも「奇跡のスキンケアクリームが新発売」という見出しの方が多くの読者が興味を持つし、出版社がコスメ業界から多額の広告料を受け取っていることは言うまでもない。すべての保湿剤やシワ取りクリームにまったく効果がないとは言わないが、（目元に小じわがあろうがなかろうが）わずか数グラムの顔に塗りたくるもののために大枚をはたく前に一応は疑ってかかるべきだろう。

未確認動物学（Cryptozoology）：未確認動物学とは、科学的に確認されていない動物や、大昔に絶滅したと考えられている生物について研究する学問だ。未確認動物には、一角獣、ビッグフット、ネッシー、マンモスの生き残り集団などが含まれる。これは疑似科学としても特殊な部類に入る。ほとんどの未確認動物はまったくのでたらめだが、(幻の生物とされていたものが)実際に存在していることが確認されることもたまにある。オカピやダイオウイカは、動かぬ証拠が発見されるまでは伝説に過ぎないと考えられていた。シーラカンスも有名な例の一つだ。以前は6500万年前の化石しか知られていなかったが、1938年に実際に生きているシーラカンスが発見された。天と地の間には教科書に載っているよりもはるかに多くの生物が存在しているが、大型動物が新たに発見されることは非常に珍しい。

CHAPTER 9

有名科学者たちの真実

ニュートンのリンゴ、
ダーウィンのフィンチのエピソードは
実際にあったことだろうか。
アインシュタインは数学が苦手だった
という話は本当だろうか。

誤解

42

ニュートンは木から落ちてきたリンゴが頭に当たって重力の理論を思いついた

科学者たちのエピソードを語るうえで、この有名な話を外すわけにはいかないだろう。いかにも作り話のようだが、驚いたことにこの話の核心部分は本当らしい。

一般的な説によれば、この偉大なる数学者は1665〜66年の間、当時欧州で大流行していたペストから逃れるために母の故郷であるリンカンシャーに滞在していた。ニュートンは母の農園のリンゴの木の下に座り、宇宙の謎について深く考えていた。そのとき彼の頭にあったのは、月が地球の周りをずっと回転運動できる理由だった。

彼の思索は、かつらの上に落ちてきたリンゴによって中断された。そのとき、不意にニュートンはリンゴと月が同じ種類の力、重力で地球に引き寄せられていることに気づいた。世紀の大発見の瞬間だった。リンゴも月も落下するという点では同じだが、月は横方向にも動いているため、重力による引力と釣り合いをとりながら地球の周りを回転する。人工衛星が地球に落ちてこないのも同じ原理だ。ニュートンはこのアイデアを発展させて、重力の逆2乗の法則と運動の法則を導き出した。

いかにもありそうな話だ。ニュートン本人の著作には落ちてきたリンゴのエピソードは見当たらず、その話を伝え聞いたとされる人物の記録だけが残っている。もっとも有力な証拠と目されているのは、ニュートンの年若い友人だった考古学者ウィリアム・ステュークリ(＊1)の回顧録だ。

「夕食をとった後、暑かったので私たちは庭へ出てリンゴの木の下の木陰でお茶を飲んだ。その場には彼と私の二人きりしかいなかった。いろいろな話をしているうちに、彼は重力に関する着想を得たときがちょうど今と同じような状況だったことを話してくれた。リンゴはなぜいつも上からまっすぐ地面に向かって落ちてくるのか、彼は自らに問いかけた。座って思索にふけっていた彼のところにリンゴが落ちてくる……物質が別の物質を引き寄せるとすれば、その引力の強さは物質の量に比例するに違いない。それならば、地球がリンゴを引き寄せるのと同様に、リンゴも地球を引き寄せていることになる」

ニュートンはこのエピソードをステュークリ以外にもボルテールをはじめ何人かに語っている。だから、ニュートンのリンゴの話は後世の創作ではなく本人から出た話だと考えてよさそうだ。しかし、これは本当に起こったことなのだろうか？　今となっては知りようもない。ニュートンがリンゴの話を語るようになったのは、彼が理論を思いついてからおよそ50年後の晩年になってからだ。数十年前の話では記憶違いをしていたり、話が誇張された可能性も高い。さらに、ニュートンの頭にリンゴが当たったと書いている資料は一つもない。だが、話の出所がニュートンである以上、このエピソードを作り話と呼ぶべきではないだろう。

ニュートンが着想を得たとされるリンゴの木は現在も残っている。リンカンシャーの小都市グランサム近郊にあるニュートンの生誕地ウールスソープ・マナーを訪れると、その古いリンゴの木を目にすることができる。しかし残念ながら、その木の下に座って宇宙についての思索をめぐらせることはできない。ひらめきを求めてやってくる観光客に痛めつけられないように、今では木の周囲に生け垣が張りめぐらされている。

誤解 43

最初に進化論を提唱したのはチャールズ・ダーウィンだ

ここでダーウィンの著書からの引用を紹介する。やや長い文章だが、めげずに最後まで読んでほしい。

「このような考えは大胆過ぎるかもしれないが、地球が存在し始めて以来、非常に長きにわたって、おそらくは人類の歴史が始まるよりも何百万年も前から、このような考えは大胆過ぎるかもしれないが、あらゆる恒温動物は、偉大なる創造主が動物性を与えた1本の生命の糸から生じ、新たな器官を獲得する力を持ち、新たな性質を備え、刺激、知覚、意思、および関連性によって方向性が決定され、故に本来備わった活動によって改善を継続する能力と、終わることのない世界で、世代を経てそのような改善を子孫に伝える能力を持つようになったのではないか。」

ダーウィンが語ろうとしているのは、現在の動物たちは今の姿とはまったく異なる生物、数百万年前の地球を歩き回っていた一種類の共通の祖先から進化したということだ。これはダーウィンの進化論と呼ばれるが、実はこのダーウィンはチャールズ・ダーウィンではなく彼の祖父エラズマス・ダーウィンだ。

エラズマスは、並外れた才能を持った作家であり、思想家だった（＊2）。彼は孫のダーウィンが『種の起源』を出版する70年も前の1789年頃から進化について思索し始めていた。エラズマスはかなりの時間をかけて詳細にそのアイデアを検討し、進化に関する詩を書いたりもしたが、彼の直感の正しさを裏づけるような決定的な証拠は見つからなかった。

進化という考え方は、当時としてはかなり斬新だった。人類の歴史の中でほとんどの間、多くの人々は地球上の動植物は誕生したときから変わらぬ姿を保っていると考えていた。ライオンは昔からずっとライオンで、この先もずっとライオンのはずだ。キリスト教では、神が1日か2日の間に動物を創造し、その後で人間を創ったとされている。似たような創造物語は世界中のあちこちにある。動物の姿が変わっていくかもしれないという考え方は、多くの人々にとっては神への冒涜とまではいかなくとも、滑稽に思えただろう。

しかし、このような世界観に支配されず、同じ問題に挑んだ人々はエラズマス以前にもいた。古代から哲学者たちは新種の生物が——たいていは神の手の助けを借りて——出現する可能性について論じていた。エラズマス・ダーウィンは1796年の著書『ズーノミア』でこのアイデアを進化というかなり先の段階まで発展させた理論を紹介している。19世紀に入ると、エラズマスのアイデアは、生物が後天的に獲得した形質が世代を経て受け継がれるという独自の進化観を持っていたジャン＝バティスト・ラマルクなどによってさらに練り上げられた。ラマルクは、キリンの首はなぜ長いのかを説明した仮説が特に有名だ。首が短いキリンは木の高いところに生えている葉を食べるのが難しいため、世代を経るうちにそのような個体は淘汰されてキリンの首が長くなったと彼は説明している。

ロバート・チェンバースの1844年の著作『創造の自然史の痕跡』は、そのような考え方をさらに推し進め、宇宙というもっと大きな単位で種の変化を論じている。この本には多くの欠点があり、随所に神の介入への言及がはさまれている。ダーウィンはこの本の内容を全面的に支持していたわけではなかったが、「似たような意見(つまりダーウィン自身が後年『種の起源』で発表した意見)が受け入れられる土壌を築いた」という意味では一目置いていた。

パトリック・マシューについても触れておこう。スコットランドで果樹園を営んでいたマシューは、1831年の時点で自然選択による進化を予測し、そのメカニズムについて自らの著書に説得力のある説明を載せた。残念ながら、彼が出した本は海軍用木材を主なテーマにしていて、進化論に関する話は付録で触れた程度だった。およそ30年後に『種の起源』が出版されてマシューが自分の理論との類似点を公に指摘するまで、誰も彼の本の付録の内容を気に留めるものはいなかった。ダーウィンはマシューの洞察力を認めたうえで、次のように書いている。「マシュー氏の意見について私は知らなかったし、どうやら他の博物学者らにとっても初耳だったらしいが、彼の見解がいかに短く述べられていたかを鑑みれば、それも無理はないと誰しもが思うのではないだろうか。」

1859年に『種の起源』が出版される以前にも、ダーウィンの進化論に似た理論は続々と登場していた。実のところ、ダーウィンが長年温めていたアイデアの発表に踏み切ったのは、独自に調査を進めていた研究仲間の一人で博物学者のアルフレッド・ラッセル・ウォレスが自分と似たような結論にたどりついたことを知ったからだ。ダーウィンとウォレスの進化論説をまとめた最初の出版物は、1858年7月1日にリンネ学会に提出された2人の共同論文という形で発表された。『種の起源』が世に出たのはそれから15カ月後のことになる。

奇妙なことに、私たちがダーウィンから連想するキーワードのいくつかはこの偉大な本の初版にはほとんど見当たらず、「進化(evolution)」にいたっては一度も登場しない。しかし、それに関連する用語として、ダーウィンは本の最後で、次のように一回だけ「進化した（evolved）」という単語を使っている。「（前略）最も美しく最もすばらしく終わりのない姿は、最初はとても単純だったが、ここまで進化した上に今なおそれは続いている。」また「適者生存（survival of the fittest）」というフレーズも『種の起源』の初版にはない。これは１８６４年にダーウィンの著書を読んだハーバート・スペンサーが考え出した言葉だ。ダーウィンはこの巧みな表現が気に入ったらしく、『種の起源』の以降の版ではこの用語を取り入れている。

また、ダーウィンの偉大な学説におけるフィンチの役割は誇張されているきらいがある。ダーウィンとフィンチの関係については学校の授業で教わった人も多いだろう。ガラパゴス諸島を旅していたダーウィンは、島によってフィンチの種類が違うことを発見した。それぞれの島に生息するフィンチは、その島の環境に適した姿をしていた。ひらめきを得たダーウィンは、祖先にあたる種が本土から島に飛んできて、地理的に隔絶された状況で時間が経過し、やがてそれぞれの場所で食物を取るために必要な形にくちばしが変化していったのだろうと推測した。あらゆる種は神によって創造され、その姿は変わることがないという従来の考え方とは対照的だ。つまり、ガラパゴスフィンチは、ダーウィンが自然選択による進化論を考え出す大きなヒントになった。こう聞くと私たちの頭には、シャツの袖をまくり上げたダーウィンがガラパゴス諸島の浜辺に座ってフィンチに話しかけながら、どうして目の前のフィンチのくちばしはがっしりと太いのに、隣の島の仲間たちのくちばしは細くて小さいのか、思いめぐらせている様子が思い浮かぶ。しかし、実際にはそんな場面はおそらくなかったはずだ。ダーウィンはガラパゴス諸島にいたフィンチには目もくれず、むしろマネシツグミに強い興味を持っていたようだ。調査旅行でダーウィンが多数のフィンチを持ち帰り、それが後年になって進化論が生まれるヒントになったのは本当だが、ガラパゴス諸島滞在中にダーウィンはフィンチを採集する作業(例えばフィンチを撃ったりする仕事)は他の人間に任せていて、かなり後になるまでその種類の違いに注目することはなかった。

しかも、ガラパゴスで集められた標本の鳥は実はフィンチではなく、フィンチの遠縁種にあたるフウキンチョウと呼ばれる鳥の仲間だった。これらはフィンチに似た姿をしていたため、フィンチの名前がそのまま残ったのだ。ガラパゴス諸島のフィンチに「ダーウィンフィンチ」という名前がつけられたのは1936年だが、この名はさまざまな島の種を総称している。

フィンチ(またはフィンチもどき)は『種の起源』にはほとんど登場しない。最終版となった第6版で3回ばかり名前が出てくる程度だ(しかもそこでダーウィンはガラパゴス諸島の鳥全般について論じている)。対照的に、ダチョウは14回、ツグミは18回、ハトに至っては113回も登場している。ダーウィンが世界一周航海について綴った『ビーグル号航海記』ではフィンチの出番がかなり増えているが(16回)、フィンチのくちばしの違いに関する記述はわずかしかない。

他にも、『種の起源』にまつわる誤解は枚挙にいとまがない。例えば、『種の起源』ではサルや類人猿が進化して人間になったという説についても扱われていると思っている人は多いが、この本ではそのような説にはまったく触れていない。ダーウィンは論争を引き起こしそうなこのテーマを1871年の『人間の進化と性淘汰』まで温めていた。本のタイトルも勘違いされていることが多い。当初の正式な題名は『自然選択、すなわち生存競争に有利な血統の維持を手段とした種の起源(*On the Origin of Species by Means of Natural Selection, or the Preservation of Favoured Races in the Struggle for Life*)』であり、一般的な略称として『種の起源(*On the Origin of Species*)』と呼ばれている。しかも、英語の題名も第6版で最初の「*On*」が削除された。わざわざこんな小さな事実に言及した理由は、『*The Origin of Species*』という本の題名は間違いだと決めつけるような記述をよく見かけるからだ。最終版だとみなされている第6版に限って言えば、この呼び方は間違いではない。本の題名も、種と同じく進化するというわけだ。

誤解44

アインシュタインは学生時代に数学が苦手だった

アインシュタインと数学に関するこの噂は、長年にわたって大勢の劣等生を励ましてきた。20世紀最高の頭脳を持った人物が計算を苦手にしていたという話が本当なら、誰でも希望が持てる。

アルベルト・アインシュタインが数学の試験に落第したことがあるというエピソードは、本人の存命中からささやかれていた。しかし事実はまったく異なり、アインシュタインは小学生の頃からずっとクラスでトップの成績を取っていたし、きちんとした証拠もある。数学に関して彼はずっと優秀な成績を取り続け、授業の内容では物足りなくなって、独学で初歩的な代数学と幾何学を学んだ。本人の弁によれば、アインシュタインは15才になる前に「微積分学を習得した」という。現代でもその年齢なら微積分学を知らない学生がほとんどだろう。

アインシュタインの17才当時の成績を記した入学許可証の写真は、インターネットで簡単に見つけることができる。この許可証を見れば、未来のプロフェッサーに代数学、幾何学、物理学、歴史で最高点の「6」がつけられていたことがわかる。しかし、「落第生」の噂の出所はおそらくこの成績表だと思われる。当時のアインシュタインはスイスの学校に通っていたが、そこでは「1」を最高点とする一般的なドイツの学校の成績評価とは逆の採点方式が採用されていた。つまり、ドイツで教育を受けた人がアインシュタインの成績表を見れば、ひどい劣等生だと思うわけだ。それに、彼はチューリッヒ工科大学の最初の入学試験では総合点が足りずに合格できなかった。それでも、アインシュタインは数学と物理学では非常に優秀な成績を取っていた。

後年のアインシュタインが数学でかなり苦労したのは本当だ。彼の関心の的はあくまで物理学だったが、その頃は現在のように必ずしも複雑な数学が必要とはされていなかった。アインシュタインはしょっちゅう数学の授業を休んでいたため、自分の理論を発展させるために高度な数学が必要になったときに遅れを取り戻さなければならない羽目になった。しかし、これはかなり専門的な内容の高等数学の話だ。他の科目に比べてやや余計に時間がかかったという理由でアインシュタインは数学が苦手だったというのは、高名なオペラ歌手のパヴァロッティが水中でヨーデルを歌えないからひどい歌手だと評価するようなものだ。

アインシュタインの相対性理論を本当に理解できる人間はごく一握りしかいないという話もよく言われている。それが本当だった時期もあったかもしれないが（例えば相対論が発表されてから最初の数週間）、現在はそのような状況にはない。大学で物理の学位を取った人なら誰でも相対性理論の基本原理は理解できるはずだし、今ではアインシュタインよりも深いレベルまでこの理論を理解している科学者も大勢いる（理論はどんどん進歩している）。

もじゃもじゃ頭のプロフェッサーがこの噂について自ら言及したこともある。1921年、一般相対性理論の発表から6年後のことだ。「ばかばかしい話だ。科学の訓練を十分に積んでさえいれば、この理論は誰でも簡単に理解できるはずだ。驚くようなことや不可解なことは何もない。そのような考え方に沿って訓練を積んだ人間にとっては、きわめて単純だ。米国にはそういう人がたくさんいる。」

4+6=

誤解

45

DNAはワトソンとクリックによって発見された

デオキシリボ核酸、略してDNAは、生命の設計図と呼ばれることも多い。この曲がりくねったリボンのような構造は、数百万個の化学物質で構成されており、構成要素の順序とパターンがコードとなって情報を伝える。DNAのコードには、生命体を組み立て、維持していくために必要なあらゆる情報が含まれている。この仕組みは地球上のあらゆる生物に共通している(*3)。つまり、動物、植物、細菌、菌類はみんな同じ祖先から進化したと考えられるのだ。

人間の体のほぼすべての細胞には、約2メートルのDNAが折り畳まれて細胞核の中に収まっている。これは、欧州を横断できるほど長いホースをきっちり巻いて裏庭の物置小屋にしまい込むようなものだが、細胞核の物置小屋にはまだ芝刈り機と作業台と作りかけの木工作品と去年のクリスマスツリーをしまう余裕がある。

DNAは1953年にケンブリッジの研究所でジェームズ・ワトソンとフランシス・クリックが発見したと思っている人が多い。しかし、実際にDNAが発見されたのはその100年近く前で、1869年にスイスの生化学者フリードリッヒ・ミーシャが病院で使われた包帯に付着した膿《うみ》から初めて単離に成功した。ミーシャ自身は自分が発見したものの正体が何だかわからなかったが、細胞核

（セル・ヌクレウス）から抽出したため「ヌクレイン」と名づけた。それから10年後に、ドイツの生化学者アルブレヒト・コッセルがこのヌクレインのさらに詳しい分析を試みた。コッセルはヌクレインを分解してたんぱく質を除去し、それまでほとんど知られていなかった成分を取り出した。DNAの構成要素である核酸を発見したのは彼が初めてだ。核酸は一般にA、C、G、Tと略される4種類の塩基と、もう一つUと略される第5の塩基（Uについてはここでは重要ではないので詳しくは言及しない）で出来ていることもわかった。

1919年頃には、科学者たちはDNAについて知っていただけでなく、その成分である塩基の単離にも成功しており、これらの塩基がどのように結合しているかについての知識も多少なりとも持っていた。しかし、ワトソンとクリックの発見までは、それらの分子がどのような機能を持つのかは謎に包まれたままだった。そして1952年、遺伝情報を次世代に伝えるのはたんぱく質ではなく、DNAだったことがついに示された。

ワトソンとクリックの業績が素晴らしい点は、DNAの3次元構造を明らかにしたことだ。彼らが発見した構造は、AとT、CとGの塩基が対になり、それらがはしごの桟のように並ぶ二重らせん構造だった。この構造は外見が見事なだけでなく、機能性も兼ね備えていた。「私たちは、特定の塩基対が遺伝物質を複製する仕組みとなっている可能性を見逃さなかった」と著者らはしばしば引用される記事で語っている。この仕組みはまもなく解明され、分子生物学という新分野が誕生した。現在でも、ワトソンとクリックの二重らせんの金属模型の複製がロンドンの科学博物館に展示されている。

最後に、ワトソンとクリックがまったく手がかりのない状態から二重らせん構造にたどり着いたわけではないことについても触れておこう。彼らに直接のひらめきを与えたのは他の研究者たち、特にロンドン大学キングス・カレッジのロザリンド・フランクリン、モーリス・ウィルキンスらの研究成果だ。ウィルキンスはケンブリッジ研究所の2人とともに1962年、ノーベル生理学・医学賞を受賞したが、残念ながらフランクリンはその4年前にこの世を去っていた。

COLUMN

あらぬ噂の最前線

ここまで多くの科学にまつわる怪しげな噂の間違いを正してきたが、その座を脅かすような新たなでたらめも台頭してきている。

・アイザック・ニュートンは一週間おきに虹のどれかの色に髪を染め変えていた。しかし、ニュートンはめったに公の場に顔を出さず、いつもかつらをかぶっていたため、その事実を知っていた人間はごく少数だったという。

・音は宇宙空間を伝わらないが、変ロの半音だけは例外だ。理由はわかっていない。

・月がチーズでできている可能性は否定されているが、土星の衛星であるヒペリオンは豆腐に似た物質で出来ている。

・最終氷期に北方の荒地に追われたホモ・デンティフィカンと呼ばれる幻の人種がいた。この人種は毛に覆われた分厚い皮膚と、牙のように発達した切歯を特徴とする。

・チャールズ・ダーウィンの立派なひげの中にはウソ鳥の巣が入っている。

・エイダ・ラブレスは世界初のコンピュータープログラマーだが、実はロルキャット（ネコの画像に変な英語のキャプションをつけるという流行）やリックロール（インターネットでリンクを張り、クリックするとリック・アストリーの１９８７年の楽曲「ギヴ・ユー・アップ」のリンクに誘導するという一種の「釣り」）の考案者でもある。

・原子番号67番の元素ホルミウムはシャーロック・ホームズにちなんで名づけられた。ホームズの口ぐせ「初歩的なことだよ、ワトソン君（elementary, my dear Watson：element は元素の意）」をもじっている。

・１９５２年のノーベル化学賞は、興味深い科学研究が見当たらないという理由で授与されなかった。

・息を止めると、時間の流れをゆっくりにすることができる。ただし、その効果はごくわずかであり、複雑な装置を使わなければ測定できない。

・英国王室天文官が王に対する忠誠を誓うときには、公の場で天王星に関する冗談を一切口にしないと約束することが義務づけられている（天王星（Uranus）の名前の元になったギリシャ神話のウラノス王はその孫に王位を奪われた)。

・マイケル・ファラデーは人生で一度も白衣を着たことがなかったにもかかわらず、白衣を着せられて埋葬された。

・大型ハドロン衝突型加速器の当初の計画には、一般市民の関心を高めることを目的としてトンネルに「科学をテーマにした幽霊列車」を走らせようとする構想が入っていた。

・現在わかっている限りでは、三重らせん構造のDNAを持つ唯一の動物はフクロアリクイだ。

もっとくわしく知りたいときは

科学文献は、実に膨大な数がある。王立学会が350年前に活動を開始して以来発表された学術論文の本数は2010年の時点で5000万本を超えていると推定される。20秒ごとに新しい論文が1本完成している計算だ。それに加えて、数えきれないほどたくさんの教科書、雑誌、記事、ウェブサイト、一般向けの科学本、動画やアプリが出回っているし、新たな学問分野の裾野には果てがない。そのため、参考文献をどれだけ並べ立てたところで、完全なリストを作ることなどまったく不可能だ。

だから、ここではあえて参考文献は挙げずに、いくつかの初歩的な読み物を紹介することにする。

近年で最高の「ビギナーズガイド」の一つは、ビル・ブライソンの『人類が知っていることすべての短い歴史(上)(下)』(楡井浩一訳、新潮文庫)だろう。ブライソン自身は科学者ではないため、宇宙の謎を部外者の新鮮な視点から眺めているし、科学史を彩るさまざまな科学者たちの紹介は格別にすばらしい。人間という種の歴史を綴ったユヴァル・ノア・ハラリの『サピエンス全史(上)(下)』(柴田裕之訳、河出書房新社)も面白い。物理学や宇宙論に関しては、わかりやすい言葉で宇宙の不思議を紹介したカール・セーガンの数々の著書に勝るものはない。ダーウィンの『種の起源』はすべての人にお薦めできる良書だ。偉大な作品というだけでなく、ニュートンの『プリンキピア』とは違ってわかりやすく、楽しみながら読める。

都市部にお住いの方は、スケプティクス(懐疑論者)を名乗る団体を探してみるのもよいだろう。そこには、好奇心が旺盛で、批判的な視点を持ち、さまざまな形態の疑似科学の誤りを証明し、正そうとする人々が集まっている。このような団体が開く集会は、たいていバーやパブのようなくだけた場所で行われ、多少は名を知られた講演者を招くことも多い。科学についてたっぷり学べるだけでなく、批判的な視点に磨きをかけ、新しい友達を作ることもできる。成長しつつあるこのようなコミュニティをちょっとのぞいてみたければ、ポッドキャストで配信されている『*The Skeptics' Guide to the Universe*』を視聴するのもおすすめだ。

科学は常に発展し、進歩し、新たな発見がある。だから、その進歩についていくことも重要だ。最近の大手新聞社は、重要な研究についてある程度まで掘り下げてしっかりと伝えている。もう少しくわしい内容を知りたければ、『ニュー・サイエンティスト』や『サイエンティフィック・アメリカン』（日本語版は日経サイエンス社発行の『日経サイエンス』）などの専門誌を読んでみるといいだろう。これらの雑誌はその分野の研究者だけでなく、科学者ではないが科学に関心を持つ一般の読者も対象にしているため、科学のバックグラウンドがなくても読むことができるはずだ。

直感に従って興味のおもむくままに進み、何よりも取るに足らないことだからといって見逃さず、こだわり続けてほしい。

注釈

はじめに

＊1　このときの鉛筆には「化学者を抱きしめて、反応を見てみよう」というジョークが書かれたおまけシールが付いていた。こちらは科学分野における私のキャリアに有益な影響をもたらしたとは言いかねるが、それはまた別の話だ。

CHAPTER 1　科学ってどんなもの？

＊1　量子力学の歴史を知る人なら分かる、ちょっとした冗談だ。

＊2　この研究はとても評判がよく、一読に値する。論文は http://www.pnas.org/content/112/17/5360.full から無料でダウンロードできる。

＊3　英語では科学者をからかうようなニュアンスで呼ぶ言葉がある

CHAPTER 2　無限の宇宙へさあ出発

＊1　気球にまつわる話にも誤解されている事実がある。最初に気球による有人飛行を行ったのはモンゴルフィエ兄弟だと言われることが多いが、実際は違う。弟のエティエンヌは1783年10月15日頃に空中に浮かんだ最初の人間になった。このときの気球は地面の近くに係留されていたため、飛行というよりも人を乗せてちょっと浮かんだ程度の実験だった。気球で最初に空を飛ぶ栄誉にあずかったのは、ピラートル・ド・ロジエとフランソワ・ダルラント侯爵だった。1783年11月21日に、2人はモンゴルフィエ兄弟が考案した気球に乗ってパリの上空を約8キロメートルにわたって飛行した。まさに夢のようなひとときだった。熱気球による初飛行からわずか10日後、ジャック・シャルルとニコラ・ルイ・ロベールが

同じくパリで世界初のヘリウム気球による有人飛行を成功させた。数千年にわたって人間が夢見てきた空を飛ぶという行為を、2週間もたたない間に2通りの違った方法で実現させたことは本当にすばらしい。知られている限りでは、モンゴルフィエ兄弟が気球で本格的に空を飛んだことは一度もなかったが、それでも彼らの名前は気球を語るときに切り離せないものとして知られている。

＊2　そうは言っても、ヴァネッサ・ウィリアムズが1992年に発表してシングルチャート1位を獲得したヒット曲『セイヴ・ザ・ベスト・フォー・ラスト』の「太陽が月を回ることもある」という歌詞はやはりちょっと言い過ぎだろう。

＊3　冥王星が準惑星に格下げされると、地球から直接観測されたことがないこの天体の扱いに対して異論が噴出した。発見以来、数十年間にわたって冥王星は太陽系の第9惑星として学校で教えられてきた。それが突然、惑星の数が8個に減るというのだ。私たち雑学ファンにとってもこの変更は歓迎できなかった。本書のような本を出すときに一章を割くに値する、長年あたためてきたネタの一つが分類の変更によって台無しになってしまったからだ。冥王星が太陽から一番遠い惑星だと主張する相手には「いや、そうとは限らないよ」と言える。冥王星の公転周期は248年だが、そのうち20年は海王星より内側の軌道を通る。あまり知られていないが、1979年から1999年までの間は、海王星は冥王星よりも太陽から離れた位置にあった。

COLUMN　本当の発明者は？

＊1　スティグラーの法則に名前が冠されたトーマス・スティグラーは、この法則を発見したのは社会学者のロバート・K・マートンだと主張している。つまり、スティグラーの法則はスティグラーの法則に従っていることが証明されているわけだ。

CHAPTER 4　奇妙な化学の世界

＊1　オーガニック食品を食べることは環境への影響や倫理面を考えればよいのかもしれないが、人間の健康にとって良いかどうかははっきりしていない。オーガニック食品とそうでない食品の比較研究は多数行われているが、結果はまちまちだ。一部の研究ではオーガニック食品にささやかな栄養上のメリットが報告されているが、そのような違いが認められなかっ

た研究結果もある。

＊2 絶対に家で試さないこと！

＊3 念のために言っておくが、ここでは一般的な窓で使用されている二酸化ケイ素を主成分とするガラスについて話している。ガラスにはさまざまな種類があり、中には液体のような性質を持つものも存在する。

＊4 ドン・エインリーという名前のすばらしい先生だったが、残念ながらもうこの世にはいない。

CHAPTER 5 地球で繁栄する生命

＊1 この地質年代は地球が形成された後、まだ激変が続いていた冥王代という時期にあたる。冥王代（Hadean）という名前は古代ギリシャ神話に登場する冥界の王ハデス(Hades)にちなんで名づけられた。

＊2 この非常に優れた潜水艇が研究調査に占めてきた重要性は、アポロ11号やハッブル宇宙望遠鏡に匹敵する。アルビン号は熱水噴出孔を発見しただけでなく、沈没した豪華客船タイタニック号の潜水調査をしたことでも知られる。アルビン号は設備の強化や改修を繰り返しながら、就役から50年以上たった今も現役で活躍し続けている。

＊3 これは進化の役割をわかりやすくするために単純化した話だ。細菌は付近にいる仲間（ここには別の種類の細菌も含まれる）とDNAの一部を交換する能力を持っている。時間が経つにつれて、一部の細菌はポーカーのプレイヤーがカードを集めてロイヤルフラッシュを作るように、複数の抗生物質に耐性を持つDNAを獲得する。

＊4 もちろん、このような推理には注意が必要だ。計り知れない恵みをもたらす豊かな自然は、人間の想像力をはるかに超えた驚きをしばしば見せてくれる。

＊5 リンネは学名に属名と種小名以外の要素をさらに追加し、生物をより細かく分類した。彼の分類法によれば、あらゆる属は科に属し、すべての科は目に属し、目は綱に属し、最終的には三つの界(動物、植物、鉱物)のいずれかに属する。リンネの分類方法は数世紀の間に大幅に改良され、現在ではさらに多くの分類がなされている。分類の最高位だった界も定義が見直され、ドメインというさらに上の生物分類項目が追加された。生物ではない鉱物にいたっては、現在は分類から完全に外されている。

COLUMN 科学の世界の誤った名称と間違った引用

＊1 厳密には、大英王立研究所(Royal Institution of Great Britain)というのが正式名称だが、組織の実情にまったくそぐわないため、誰もこの名称は使わない。

CHAPTER 6 地球という惑星

＊1 リンゴの代わりにオレンジでもできるが、飛び散った果汁が目に入っても私のせいにしないでほしい。

CHAPTER 7 人体の不思議

＊1 以前はマイクロフローラと呼ばれていたこともあるが、「フローラ」という言葉は厳密には植物種のみを指すため、これは誤用にあたる。

CHAPTER 9 有名科学者たちの真実

＊1 このウイリアム・ステュークリという人物は、「万里の長城は月から肉眼で見える唯一の人工建造物だ」(42ページ)にも登場している。

＊2 ダーウィン家は非常に才能に恵まれた一族だった。チャールズが有名な陶器職人ジョサイア・ウェッジウッドの娘で自分のいとこにあたるエマ・ウェッジウッドと結婚したことは有名だ。あまり知られていないが、チャールズとエマの息子ジョージは月の形成に関する有力な理論を考え出し(のちにこれは間違っていることが判明した)、王立天文学会の会長を務めた。ジョージの息子チャールズは水素原子の微細構造について研究し、チャールズの娘であるグウェン・ラベラは有名な木彫家になった。以降もダーウィン家の活躍は続いており、子孫には経済学者のジョン・メイナード・ケインズや作曲家のレイフ・ヴォーン・ウィリアムズなどがいる。

＊3 エボラ、HIV、SARSなど多くのウイルスは、DNAに似ているが非常に長い1本の分子鎖で構成されているRNAによって遺伝情報が伝えられる。しかし、ウイルスは一般的には生物ではないと考えられている。

索引

英数字

10の倍数……25
DNA……110-111, 184-186
UFO……166
V-2……41

ア〜オ

アインシュタイン、アルベルト
　常識について……26
　教育……181-182
　髪型……11
　量子もつれ……71
秋……49
足……113
頭の良さ……17-20
アダムズ、ダグラス……36
圧縮……46-47
圧力……83-85
アニング、メアリー……13
アリ……116
アルミニウム……124-125
アンチエイジング……168
イーカロス……36
硫黄……129
一角獣……169
一酸化二水素:「水」を見よ……80
イヤーキャンドル……160
色……142-144
隕石……105-107
インテリジェント・デザイン……162
ウィリアムズ、ヴァネッサ……191
ウィルキンス、モーリス……196
ウイルス……195
ウォレス、アルフレッド・ラッセル……177
宇宙
　ダークマター……88
　次元……64-67
　プラズマ……87-88
宇宙空間
　沸点と凝固点……83
　肉眼で見える地球の人工物……42-43
　無重力……44-45
宇宙飛行
　大気圏再突入……46-47
　開発……39-41
宇宙飛行士……43, 44-45
永久運動……164
英国王室……71
英国科学振興協会……129
エウロパ……56
液体
　ガラス……2, 91-92
　屈折……70
　状態……86-88
エジソン、トーマス……76
エジプトのピラミッド……43
エベレスト山……140-141
エリス……54
遠隔透視……165
エンケラドゥス……56
王位継承……71
王立学会……128
王立研究所……128
オーガニック食品……82
オーク……118-119
オープン・サイエンス・フレームワーク……29
オールズ、ランサム……77
オールトの雲……55
オカピ……169
温度……83-85

カ〜コ

海王星……52, 54, 55, 56, 57, 193
回転……50-52
カイパーベルト……54
海洋
　藻類の異常発生……43
　海流……135, 139
　熱水噴出孔……101-102
化学合成……101
科学者のステレオタイプ……10-14
科学者の服装イメージ……15
科学的な手法……21-24
科学の誤解を正す……2
科学分野の性差別……12-15
核酸……185
学名……118-121
火星……13, 160
火星の人面……160
化石……13, 103-104
仮説……21-23
仮想粒子……73
ガニメデ……52, 56
カノ、ラウル……116
髪……11, 152-153
ガラス
　液体……2, 91-92
　屈折……70
ガリレオ……30
カロン……51-52
ガン……166, 167-168
眼球……113
気圧……83
気球……36, 192-193
気候変動……29, 135, 161
ギザのピラミッド……43
季節……48-49
気体……47, 96-98
軌道……94-95
気分……157
キュリー、マリー……12, 13
恐竜……105, 107, 126
魚類……103-104
菌類……148, 184
グーテンベルグ、ベノー……136
くじ……25
薬……110-111
屈折……70, 142, 143
クラークの三法則……59
グリア細胞……156-157
クリック、フランシス……184-185
グルタミン酸ナトリウム(MSG)……81
クロコダイル……116
ケイリー卿、ジョージ……37
化粧品……168
月面着陸捏造説……163
　太陽系探査……53-55
ケプラー、ヨハネス……52
ケラチン……153
ケレス……54
研究
　発表のプレッシャー……27
　科学的な手法……21-24
研究室のイメージ……15
原子……66, 93-95, 195
弦理論:「超弦理論」も見よ……23-24, 64
光合成……100
恒星……87
合成酵素……112
抗生物質……110-111
光速……2, 69-71
高地での料理……83-84
酵母……117
古細菌……112, 134
固体……86-88
コックス、ブライアン……98
コッセル、アルブレヒト……185
ゴドウィンの法則……60

子供 …… 18, 19, 109, 139, 142, 149-150, 154, 167
コペルニクス、ニコラウス …… 30
コリオリ効果 …… 139
コリンズ、フランシス …… 32
ゴルディロックス・ゾーン …… 56
コロリョフ、セルゲイ …… 41
混合ワクチン …… 167
コンソルマーニョ、ガイ …… 32
コンピュータープログラマー …… 13

サ〜ソ

砂漠 …… 113, 141
サハラ砂漠 …… 141
三角形 …… 77
シーラカンス …… 169
塩 …… 82
時間次元 …… 64-65
次元 …… 64-67
事象の地平線 …… 73
地震 …… 105, 136-137
地震計 …… 136-137
自然選択 …… 109, 110, 162, 177-179
自動車 …… 76-77
自閉症 …… 167
車輪 …… 112-114
シャルル、ジャック …… 192
宗教 …… 30-32
重心 …… 51, 52
集積回路 …… 60
重力
　ブラックホール …… 72-74
　アイザック・ニュートン …… 172-174
　衛星 …… 50-52
　宇宙の〜 …… 44-45
　超弦理論 …… 64
シュレディンガー方程式 …… 95
準惑星 …… 54, 55, 57-58, 193
消化 …… 156-157
消化管 …… 156-157
蒸気機関 …… 77
常識 …… 25-26
小惑星 …… 54-56, 57-58, 106, 125, 141
植物の学名 …… 118
食物
　高地での料理 …… 83-84
　自然対化学 …… 80-82
食用の化学物質 …… 80-82
女性科学者 …… 12-14
ジョブズ、スティーブ …… 75
ジョリオ・キュリー、イレーヌ …… 13
進化
　チャールズ・ダーウィン …… 175-180
　人類の祖先 …… 2, 115-117, 119, 122
　インテリジェント・デザイン …… 162
　陸上の生物 …… 103-104
　車輪 …… 112-114
真空
　沸点と凝固点 …… 83
　光速 …… 69-70
人新世 …… 107
人体
　細胞分裂 …… 152
　微生物叢《びせいぶつそう》 …… 148
　神経系 …… 156-157
人類
　進化 …… 115-117, 162
　ゲノム …… 10, 122-123
　学名 …… 118-121
　微生物叢《びせいぶつそう》 …… 148
彗星 …… 55
数学 …… 20, 26, 181-182
数秘学 …… 164
スティグラーの法則 …… 61
ステュークリ、ウィリアム …… 42
ストレンジ物質 …… 88
ストロマトライト …… 117
スプートニク …… 39
スペンサー、ハーバート …… 178
スワン、ジョゼフ …… 76
生命：「進化」も見よ
　厳しい環境 …… 101
　地球の歴史 …… 98-99
　成功の定義 …… 116-117
セーバリー、トーマス …… 77
世界の創造 …… 162
石器時代 …… 128
セドナ …… 56
潜水調査艇 …… 100
専門家 …… 18
ゾウ …… 122
藻類の異常発生 …… 43
空飛ぶスパゲッティ・モンスター教 …… 162
ソルベー会議 …… 12

タ〜ト

ダーウィン、エラズマス …… 175-176
ダーウィン家 …… 195
ダーウィン、チャールズ …… 84, 175-180
ダークマター …… 88
ダイオウイカ …… 169
太陽：「太陽系」も見よ …… 25, 30, 87, 100
太陽系
　探査 …… 53-54
　回転 …… 50-52
　惑星の定義 …… 54-55
大量絶滅 …… 105-107
ダルラント侯爵、フランソワ …… 192
チェンバース、ロバート …… 176
地球
　年代 …… 99
　大気 …… 139
　生命の誕生 …… 98-99
　氷河期 …… 117, 134-135
　軌道 …… 39, 48, 52
　地軸の傾斜 …… 49
地質学 …… 24
チャーチル、ウィンストン …… 56
超弦理論 …… 64
鳥類 …… 126
直感 …… 22, 25
チンボラソ火山 …… 140
月
　チーズ …… 23
　裏側 …… 126
　重力 …… 50
　万里の長城 …… 42-43
　サイズ …… 51
　太陽系の衛星 …… 51
爪 …… 152-153
強い力 …… 66
ティクターリク …… 103-104
データ …… 28
デービー、ハンフリー …… 76
デナリ山 …… 140-141
デニソワ人 …… 123
デラルー、ウォーレン …… 76
テレパシー …… 165
電気と水 …… 89-90
電球 …… 76
電子軌道 …… 94-95
テンジクネズミ …… 127
電導体 …… 89
天王星 …… 13, 52
電波塔 …… 166
天文学 …… 13
銅 …… 89-90
統計学 …… 25
トーストに降臨するキリスト …… 163
土星 …… 51, 52, 56, 57, 143, 187
ドバイ …… 43
飛び込み …… 46
トビハゼ …… 103
ドルンベルガー、ヴァルター …… 40
ド・ロジェ、ピラートル …… 192

ナ〜ノ

ナチス……40-41, 60
夏……48-49
南極……49, 135, 138, 141
虹……142-144
ニューコメン、トーマス……77
ニュートン、アイザック……30-31, 128, 142, 172-174
ニューホライズンズ探査機……53, 55
ニューロン……156-157
妊娠……149, 150
ネアンデルタール人……119, 122-123
ネッシー……169
熱シールド……46-47
熱水噴出孔……101-102
脳
　ニューロン新生……157
　右脳対左脳……154-155
ノーベル賞……13

ハ〜ホ

ハーシェル、ウィリアム……125
ハーシェル、カロライン……13
パーネル、トーマス……92
バイオリズム……160
バイユーのタペストリー……127
バウムガルトナー、フェリックス……47
ハウメア……54
バクテリア……101, 102
バチカン天文台……32
発明者……61, 75-77
バベッジ、チャールズ……13
春……49
パレイドリア……160, 163
ハレー彗星……127
ハワイ……140
万里の長城……42-43, 195
ピーク、ティム……43
ビール……116
光のスペクトル……142-144
飛行……36-38
ピタゴラス……77
ビタミンD……131
ヒッグス粒子……10
ビッグフット……169
ピッチ・ドロップ実験……92
ヒューウェル、ウィリアム……32
氷河期……117, 134-135
ファードウシ、ボバック……12
フィンチ……178-179
不運の法則……61
フォード、ヘンリー……76-77
フォン・ブラウン、ヴェルナー……41
物質の状態……86-88
物理学者……12
冬……48-49
プラズマ……87-88
ブラックホール……22-23, 72-74
フランクリン、ロザリンド……186
プリズム……142, 143
ベーコン、ロジャー……32
ベターリッジの見出しの法則……59
偏見……26
ヘンダーソン、ボビー……162
鞭毛《べんもう》……112
放射……13, 47, 73, 166
ホーキング、スティーブン……73
ボーズ・アインシュタイン凝縮……70, 88
ホール、チャールズ・マーティン……125
保存料……82
ホメオパシー……161
ホモ・サピエンス……118-121
ボルタ、アレッサンドロ……76

マ〜モ

マートン、ロバート……193
マーフィーの法則……61
マイクロキメリズム……149
マイクロ波……166
マウナケア山……140
マケマケ……54
摩擦……46-47, 164
マシュー、パトリック……177
マゼンタ……144
マリンスノー……100
マンモス……122, 154, 169
ミーシャ、フリードリッヒ……184
未確認動物学……168-169
ミサイル……47
水
　沸点と凝固点……83-85
　沸騰するまでの時間……21
　化学物質名……80
　渦巻の向き……138-139
　電気……89-90
　屈折……70
ミッチェル、マリア……13
ムーアの法則……60
無重力……44-45
冥王星……51, 52, 53, 56
メキシコ湾流……135
メディアに登場する
　典型的な科学者……11-12
メンデル、グレゴール……31
木星……51
モンゴルフィエ兄弟……192-193

ヤ〜ヨ

ヤギの糞……23
ヤスデ……104
山……140-141
楊利偉《ヤンリィウェイ》……43
幽霊……59, 161, 165, 189
ユネスコ……14
ヨアニディス、ジョン……27
用語……19
　アルミニウム……124-125

ラ〜ロ

ライト兄弟……36, 38
ライン生産方式……77
ラブレス、エイダ……13
ラマルク、ジャン=バティスト……176
リヒター・スケール……136
量子……26, 71, 73, 93, 165
両生類……103
理論……23-24, 129-130
リンゴ……172-174
リンネウス、カール……118-121
レン、クリストファー……128
ローマ教皇庁科学アカデミー……32
ロケット……39-41
ロベール、ニコラ・ルイ……192
論文の査読……28

ワ

ワープ……70
ワームホール……70-71
惑星
　重力……72-74
　太陽系……53-55
ワクチン……167
ワスカラン山……140
ワット、ジェームズ……77
ワトソン、ジェームズ……184-185

謝辞

娘のホリーが生まれてからも、
本書の執筆のためにたびたび私が家を空ける生活を
何カ月も辛抱強く受け入れ続けてくれた
妻ヘザーに変わらぬ感謝を伝えたい。

著者紹介

マット・ブラウンは化学の学士号と生体分子科学の研究修士号を取得している。リード・エルゼビア・グループやネイチャー出版グループで編集者兼ライターとして科学出版に携わり、過去に2冊の科学書を出版している。王立研究所のクイズマスターを数年間にわたって務め、王立協会、マンチェスター科学博物館、STEMPRA（科学、技術、工学、医療関係の広報担当者の団体）、ハンター博物館でも科学クイズを出題している。ロンドン・アイロンドンにある大観覧車に乗りながらマイケル・ファラデーに関する講義をしたこともある。コメディエンヌのヘレン・キーンと開催した科学をテーマにしたシリーズショー「Spacetacular!」は人気を博し、2013年のレスター・スクエア劇場のショーは完売した。

著書として『London Night and Day』2015年、『Everything You Know About London is Wrong』2016年、いずれもBatsford出版など多数。Londonist.comの総合編集長でもある。

マット・ブラウンへのご意見、ご感想、質問、間違いのご指摘、ビールのお誘いはi.am.mattbrown@gmail.comまで。

ナショナル ジオグラフィック協会は1888年の設立以来、研究、探検、環境保護など1万2000件を超えるプロジェクトに資金を提供してきました。ナショナル ジオグラフィックパートナーズは、収益の一部をナショナルジオグラフィック協会に還元し、動物や生息地の保護などの活動を支援しています。

日本では日経ナショナル ジオグラフィック社を設立し、1995年に創刊した月刊誌『ナショナル ジオグラフィック日本版』のほか、書籍、ムック、ウェブサイト、SNSなど様々なメディアを通じて、「地球の今」を皆様にお届けしています。

nationalgeographic.jp

科学の誤解大全

2019年2月19日　第1版1刷

著者　マット・ブラウン
翻訳　関谷冬華
編集　尾崎憲和
編集協力　桑原啓治
デザイン　Concent, Inc(中西 麻実)
制作　クニメディア
発行者　中村尚哉
発行 日経ナショナル ジオグラフィック社
〒105-8308　東京都港区虎ノ門4-3-12
発売 日経BPマーケティング
印刷・製本 日経印刷
ISBN978-4-86313-442-3
Printed in Japan